输电线路牵张设备故障与维修

李 亚 于 勇 胡 奎 范 玺 杨云雷
李冬冬 邓松江 刘兴民 杨陇军 雷 凯
张凌杰 强发江 牛麒州 著

中国电力出版社
CHINA ELECTRIC POWER PRESS

内 容 提 要

本书主要介绍输电线路张力放线设备典型故障分析和排除方法，分为概述、张力放线设备正确操作方法和注意事项、牵引机故障与维修、张力机的保养与维修、输电线路新能源牵张设备的创新展望五章，附录中给出了常规的设备型号、参数、使用条件等信息。

本书适合从事输电线路施工架设及对施工设施进行检修的技术及作业人员。

图书在版编目（CIP）数据

输电线路牵张设备故障与维修 / 李亚等著. —北京：中国电力出版社，2024.5
ISBN 978-7-5198-8743-8

Ⅰ.①输… Ⅱ.①李… Ⅲ.①输电线路—故障诊断 ②输电线路—故障修复 Ⅳ.①TM726

中国国家版本馆 CIP 数据核字（2024）第 061371 号

出版发行：中国电力出版社
地　　址：北京市东城区北京站西街 19 号（邮政编码 100005）
网　　址：http://www.cepp.sgcc.com.cn
责任编辑：刘　薇（010-63412357）
责任校对：黄　蓓　马　宁
装帧设计：张俊霞
责任印制：石　雷

印　　刷：北京九天鸿程印刷有限责任公司
版　　次：2024 年 5 月第一版
印　　次：2024 年 5 月北京第一次印刷
开　　本：710 毫米 ×1000 毫米　16 开本
印　　张：12.5
字　　数：194 千字
定　　价：78.00 元

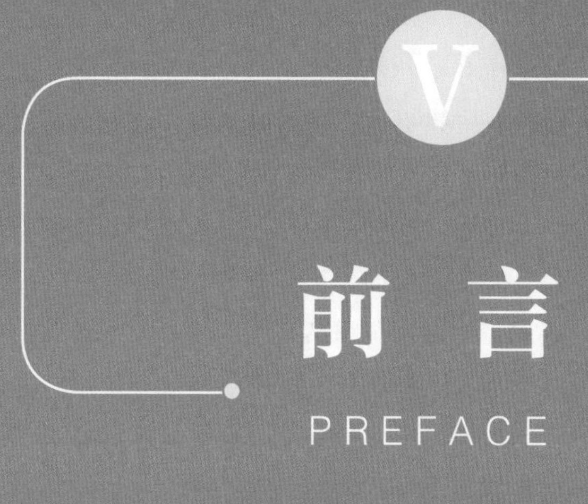

前言

PREFACE

这是一本介绍输电线路张力放线设备典型故障分析和排除方法的技术书籍，汇集了丰富的实践经验，具有实战指导作用。

本书从基础理论入手，深入浅出地解析了输电线路牵张设备故障分析的各个方面，希望通过本书详尽的阐述，能让读者对设备故障分析的整个过程有更清晰的认识，以及利用故障分析方法解决实际问题。

首先，本书对张力放线施工机具基础知识做了重点讲述。书中提供了张力放线常用施工机具基本参数，以及它们在不同电压等级线路中的使用范畴。通过仔细阅读这部分内容，可以让读者了解到不同施工机具的使用方法，以及如何根据线路具体情况选择合适的施工机具。

其次，本书系统讲述了张力放线设备整体结构和各零部件工作原理，全面介绍了故障诊断的基础知识、电气线路和设备故障分析方法，以及如何进行故障定位、故障原因排除和设备修复等内容。同时，通过大量的设备故障实例分析，为读者提供了全面系统的设备故障诊断与处理的方法。

再次，本书从实际应用出发，结合案例分析，讲解了设备典型故障诊断、处理技术和方法，如设备无法起动、控制系统问题、张力控制失效和尾架问题等方面的内容，指导读者更好地识别和解决设备故障。书中提到的典型故障案例分析都非常实用，尤其是对于控制系统故障的分析和排除方法。控制系统对于张力放线设备的正常运行至关重要，如果控制系统出现问题，设备可能无法正常工作，甚至出现意外情况。

最后，本书还阐述了一些实用的维修技巧和经验。通过作者分享的案例分析和实践经验，能让读者可以学到一些在实际排除故障时的技巧和方法。例如，如何快速确定故障部件，如何进行有效的故障原因排查等。这些经验对于日后的实际工作非常有帮助。

新疆送变电有限公司技术人员总结25年来张力放线施工经验，结合设备现场故障和日常维修保养情况，通过筛选、提炼后编成本书，以图文并茂的形式阐述了张力机和牵引机发动机部分、电气部分、液压部分和机械部分故障的判断及排除方法，并对张力放线施工机具基础知识部分做了重点讲述。本书对张力放线设备的日常维护保养、故障诊断及应急处置具有一定的指导作用。

本书旨在为张力放线设备操作人员、设备维修和管理人员提供输电线路牵张设备的故障分析方法，帮助读者掌握故障分析的基本理论和方法，并在实践中能够灵活运用。希望通过本书的指导，读者可以深入了解设备故障分析的要点，提高设备安全运行可靠性，降低现场设备故障率，确保机械化装备在电网建设中发挥更大的作用。

由于编者水平有限，书中存在不足之处，希望读者给予批评指正。

目 录

CONTENTS

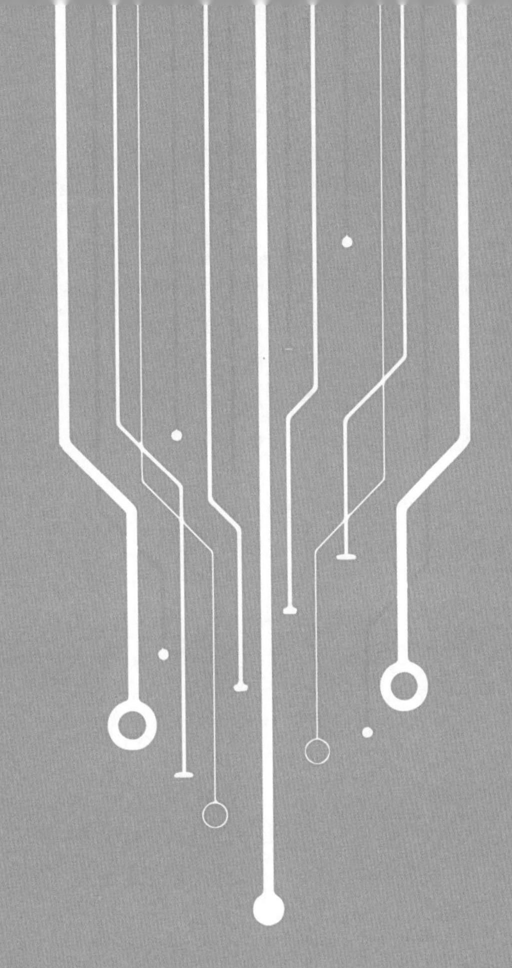

第1章

概述

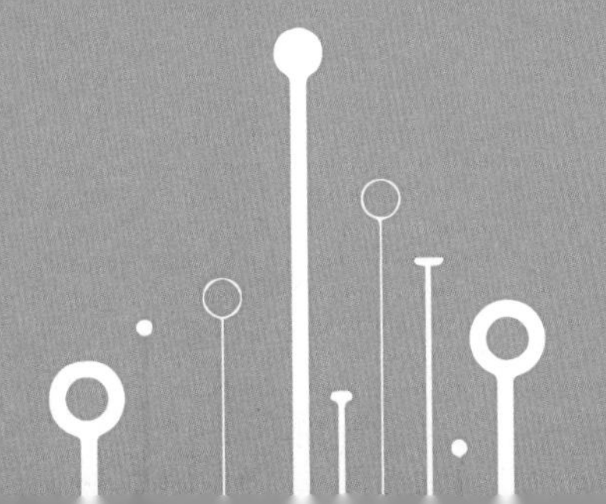

背景简介

架线施工是输电线路建设中关键的工序之一，早期（特别是20世纪70年代以前）通常采用拖地自由放线的方式。随着输电线路电压等级的提高，输送容量的加大，以及导线截面的不断增大，张力架线技术逐步引入国内，并得到推广。

在输电线路架设中，用张力机、牵引机等主要设备使导线带有一定张力在腾空状态下展放，并以相应的方法进行紧线、挂线和附件安装的整体施工工艺，称为张力架线。张力架线一般在放线段两端设置牵引场和张力场，给导线尾端施加张力的设备称为张力机，牵引导引绳的设备称为牵引机。

张力放线设备出现故障，施工过程就会停止，工程整体进度就会受到影响，造成窝工。同时在“三跨”（跨越高速铁路、高速公路和重要输电通道的架空输电线路区段）过程中会人为造成风险等级和施工时间的增加。

新疆地区深居内陆、地域辽阔，张力放线设备的维修受人员交通、零部件物流的影响较大，增加了设备的维修成本。加上操作人员对设备不熟悉，与厂家人员沟通不畅，也会对设备维修造成一定影响。因此，张力放线设备出现异常状态或故障后，操作人员能及时、正确地对异常状态或故障现象做出诊断，预防或消除故障，可以减少设备故障停机时间，提高设备完好率、运行的安全性及可靠性。

基于上述原因，技术人员迫切需要张力放线设备维修方面的图书，但是市面没有针对性较强的书籍。新疆送变电有限公司自1998年推广张力架线工作以来，先后购置了五家公司的张力放线设备，包括甘肃诚信电力科技有限责任公司、河南九域博大科技有限公司、河南兰兴电力机械有限公司、加拿大天柏伦设备有限公司和德国ZECK公司生产的牵引机和张力机共计80余台，涵盖了国内外主要设备厂家及类型，见图1-1、图1-2。施工电压等级覆盖10～±1100kV，导线截面积覆盖185～1250mm^2。

图1-1　牵引机示意图

1-液压油散热器；2-燃油箱；3-空气滤清器；4-发动机；5-液压主泵；6-减速机

图1-2　张力机示意图

1-液压油箱；2-液压油散热器；3-电瓶箱；4-燃油箱；5-发动机

1.2 名词术语

1.2.1 牵引机术语及其解释

牵引机： 在输电线路张力架线施工中，依靠卷筒和缠绕其上的钢丝绳、纤维绳等牵引绳之间的摩擦力实现牵引导线、地线、光缆等线索功能的一种机械设备。

额定牵引力： 持续工作状态下，牵引机允许输出的牵引力最大值。

最大牵引力： 15min短时工作状态下，牵引机允许输出的牵引力最大值。

额定牵引速度： 额定牵引力下，牵引机允许输出的牵引速度最大值。

最大牵引速度： 持续工作状态下，牵引机允许输出的牵引速度最大值。

牵引卷筒： 牵引机上用来卷绕绳索并传递动力的转动件。

绳槽： 沿卷筒圆周方向分布的放置绳索并起导向作用的凹槽。

牵引卷筒槽底直径： 绳槽底到牵引卷筒轴中心距离的2倍。

节距： 卷筒上相邻两绳槽中心之间的距离。

使用寿命： 机械产品在按设计或制造规定的使用条件下，保持安全工作能力的期限。

1.2.2 张力机术语及其解释

张力机： 在输电线路张力架线施工中，使缠绕在卷筒上的导线、地线、光缆、牵引绳等线索在保持一定张力条件下被展放或牵引的一种机械设备。

额定张力：持续工作状态下，张力机允许输出的张力最大值。

最大张力：15min短时工作状态下，张力机允许输出的张力最大值。

额定放线速度：额定张力下，张力机允许输出的放线速度最大值。

最大放线速度：持续工作状态下，张力机允许输出的放线速度最大值。

放线卷筒：张力机上用来卷绕线索并传递动力的转动件。

轮槽：沿卷筒圆周方向的放置绳索并起导向作用的凹槽。

放线卷筒槽底直径：轮槽底到放线卷筒轴中心距离的2倍。

节距：卷筒上相邻两轮槽中心之间的距离。

使用寿命：机械产品在按设计或制造规定的使用条件下，保持安全工作能力的期限。

1.3 牵张设备的基础知识

1.3.1 发动机部分

新疆送变电有限公司现有牵张设备发动机生产厂家主要为德国道依茨、美国卡特、潍柴动力、康明斯。德国道依茨发动机存量最多，近年来购买的牵张设备发动机以康明斯为主。牵张设备发动机信息见附录A，发动机示意图见图1–3。

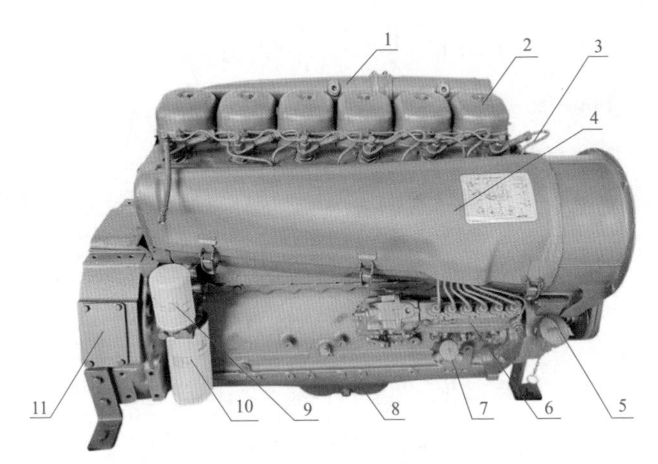

图1–3　发动机示意图

1–进气道；2–气门室罩盖；3–柴油高压油管；4–风罩；5–机油加注口；6–高压油泵；7–输油泵；8–油底壳；9–柴油滤清器；10–机油滤清器；11–飞轮齿观察孔

1．基本名词和术语

止点：活塞在气缸中作往复运动的两个极限位置。活塞离曲轴旋转中心的最远位置称为上止点；离曲轴旋转中心的最近位置称为下止点。

行程：上、下止点间的距离称为活塞行程，简称行程（也称冲程）。

燃烧室容积：当活塞位于上止点位置时，活塞顶上面的气缸空间叫做燃烧室，这个空间的容积称为燃烧室容积（也称压缩容积）。

气缸工作容积：活塞从上止点移到下止点所扫过的空间容积。

发动机排量：多缸发动机各气缸工作容积之和。

气缸总容积：活塞位于下止点时，活塞顶上部的全部气缸容积，它等于燃烧室容积与气缸工作容积之和。

压缩比：气缸总容积与燃烧室容积的比值，表示气体在气缸中被压缩的程度，称为压缩比。

2．发动机工作原理

四冲程柴油机的每一个工作循环包括四个活塞行程：进气行程、压缩行程、做功行程和排气行程。发动机工作循环示意图见图1–4，发动机进、排气示意图见图1–5。

进气行程：当活塞由上向下运动时进气门打开、排气门关闭，经空气滤清器过滤的新鲜空气进入气缸完成进气行程。

压缩行程：活塞由下向上运动，进排气门都关闭，气缸内空气被压缩，其温度和压力增高，完成压缩行程。

做功行程：活塞将要到达上止点时，喷油器把经过滤的燃油以雾状喷入燃烧室中与高温高压的空气混合立即爆燃，气缸内的气体体积瞬间膨胀，形成的高压推动活塞下行，通过连杆带动曲轴旋转对外输出功，完成做功行程。

排气行程：做功行程结束后，活塞由下向上移动，进气门关闭、排气门打开，气缸中燃烧后的废气随活塞上行而被排出气缸之外，完成排气行程。

活塞经历了上述四个连续的行程后，完成了柴油机的一个工作循环。如此周而复始地进行每一个工作循环，使柴油机连续不断地运转，并持续向外输出功。

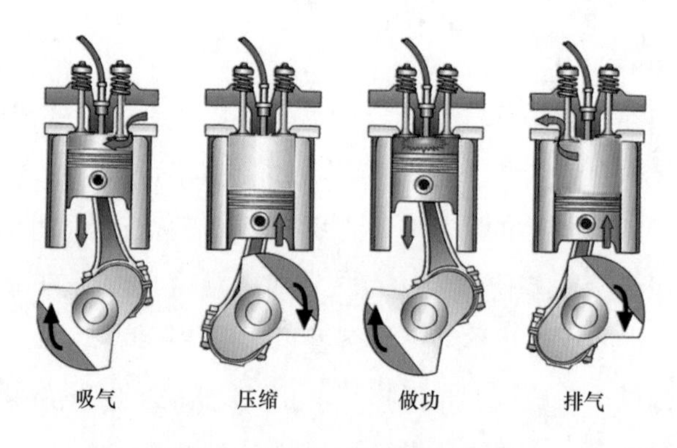

图1-4　发动机工作循环示意图

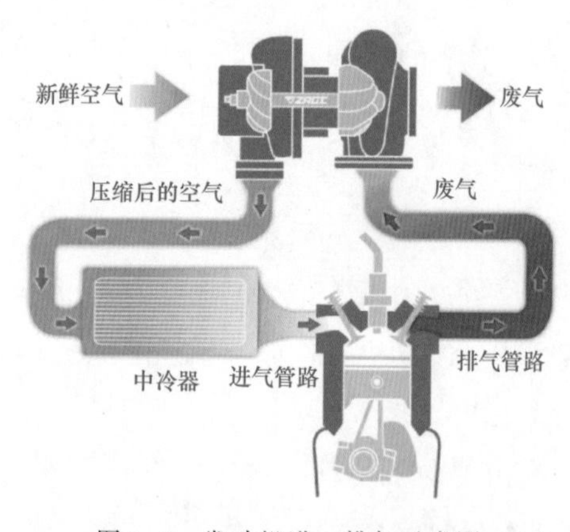

图1-5　发动机进、排气示意图

3. 发动机各部分组成及作用

压燃柴油机由曲轴连杆机构和配气机构两大机构，以及冷却、润滑、燃料供给、启动系统四大系统组成。

（1）曲轴连杆机构。它是发动机的主要运动机构，包括活塞组、连杆组、曲轴飞轮组等柴油机的主要运动件。曲轴连杆机构将活塞的往复运动转变为曲轴的旋转运动，同时将作用于活塞上的力转变为曲轴的转矩，带动飞轮转动，对外输出做功，以驱动液压泵工作。曲轴连杆机构示意图见图1-6，活塞环示意图见图1-7，活塞示意图见图1-8。

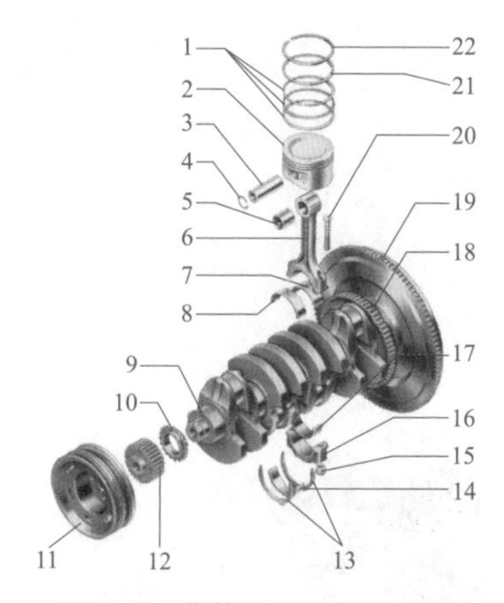

图1-6　曲轴连杆机构示意图

1-油环；2-活塞；3-活塞销；4-卡环；5-连杆小头轴瓦；6-连杆；7-连杆大头上轴瓦；8-主轴承上轴瓦；9-曲轴；10-曲轴链轮；11-带轮；12-曲轴正时齿带轮；13-止推片；14-主轴承下轴瓦；15-连杆螺母；16-连杆盖；17-连杆大头下轴瓦；18-转速传感器脉冲轮；19-飞轮；20-连杆螺栓；21-第二道气环；22-第一道气环

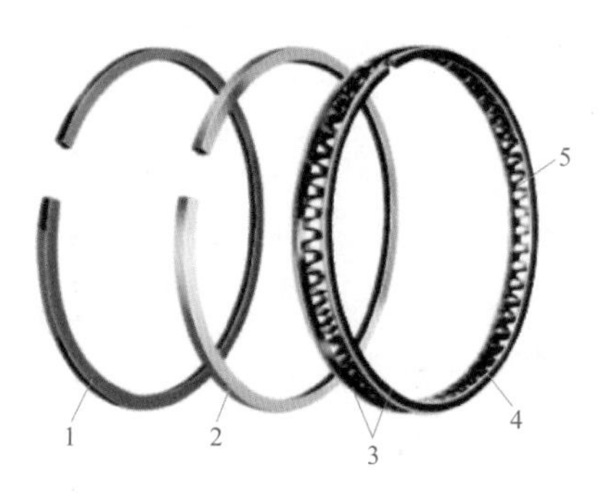

图1-7　活塞环示意图

1-第一道气环；2-第二道气环；3-刮片；4-油环刮环；5-油环衬簧

图 1-8　活塞示意图

1-凹坑；2-活塞环槽；3-活塞销孔；4-卡环槽；5-裙部；6-油孔；7-头部；8-顶部

（2）柴油机配气机构。包括凸轮轴、挺杆、推杆、摇臂、摇臂轴、气门弹簧及气门导管等一些相关部件。配气机构按照发动机每一气缸内所进行的工作循环和点火顺序的要求，定时开启和关闭各气缸的进、排气门，使新鲜的空气得以及时进入气缸，废气得以及时从气缸排出。配气机构示意图见图1-9。

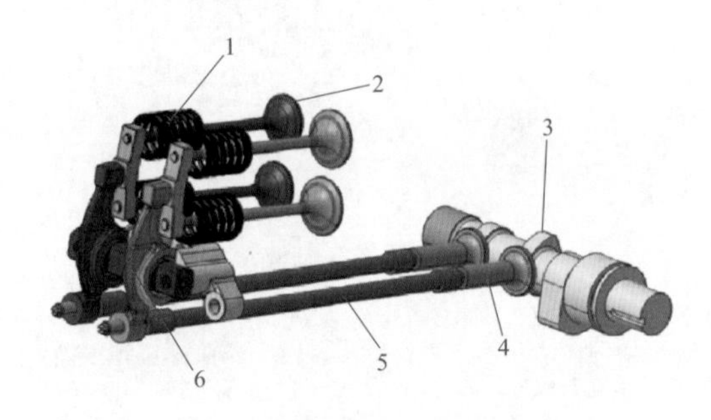

图 1-9　配气机构示意图

1-气门弹簧；2-气门；3-凸轮；4-挺柱；5-推杆；6-摇臂总成

（3）冷却系统。按所用冷却介质的不同，可分为水冷却系统和空气冷却系统两类。水冷却系统主要由散热器、风扇、水泵、气缸体和气缸盖中的冷却水套、节温器等组成。空气冷却系统则主要由气缸体和气缸盖上的散热片、导流罩、风扇等组成。水冷却系统示意图见图1-10，节温器示意图见图1-11。冷却系统的作用是通过冷却液泵（水泵）驱动冷却液，使其流过发动机的气缸体和气缸盖，带走发动机工作时产生的部分热量，使发动机在适宜的温度范围内工作。

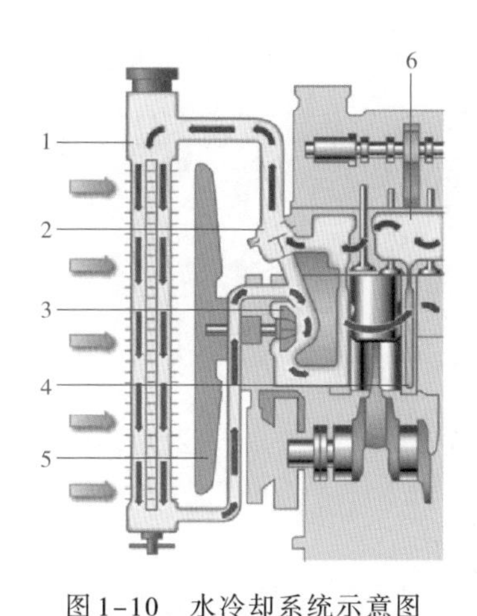

图1-10　水冷却系统示意图

1-散热器；2-节温器；3-冷却液泵（水泵）；
4-发动机缸体内的水道；5-散热风扇；
6-气缸盖内的水道

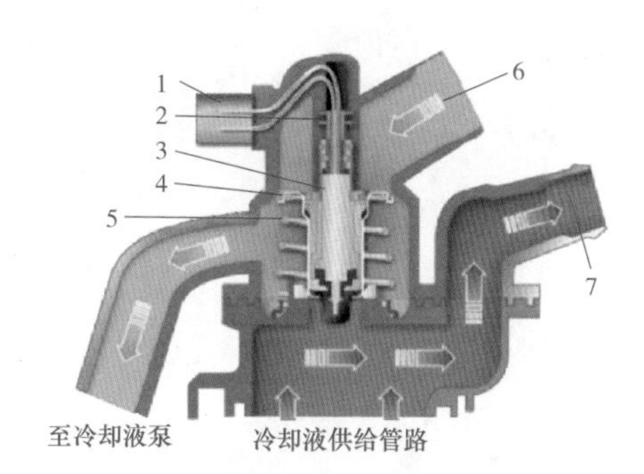

图1-11　节温器示意图

1-插头；2-加热电阻；3-蜡质元件；4-节温器阀；
5-弹簧；6-散热器回流管路；7-散热器供给管路

（4）润滑系统。柴油机润滑系统主要由油底壳、机油泵、机油滤清器、机油散热器及各种阀门、润滑油道等组成。润滑系统示意图见图1-12。润滑系统作用：在柴油机工作时，连续不断地将足量而温度适当的洁净机油以一定压力连续地输送到运动零件的摩擦表面，并在摩擦表面之间形成油膜，起到减摩、冷却、净化、密封、缓冲及防锈等作用，以提高发动机工作的可靠性和耐久性。

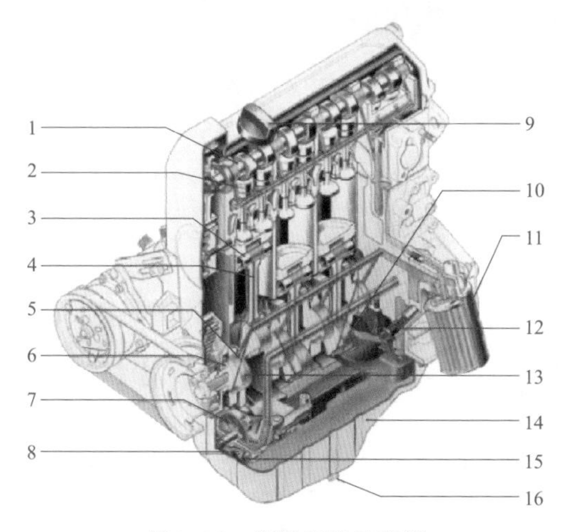

图1-12　润滑系统示意图

1-凸轮轴轴径；2-气缸盖主油道；3-活塞销；4-连杆油道；5-曲轴油道；6-曲轴链轮；
7-机油泵；8-机油泵链轮；9-加机油口盖；10-曲柄销轴径；11-机油滤清器；
12-机油压力调节阀；13-曲柄主轴颈；14-油底壳；15-机油泵传动链条；16-油底壳放油螺栓

（5）燃油系统。柴油机燃油系统一般由柴油箱、输油泵、柴油滤清器、喷油泵、喷油器及调速器等组成。燃油系统的作用：将清洁无水分的燃油定时、定量、定压地喷入燃烧室内。燃油系统结构图见图1–13。

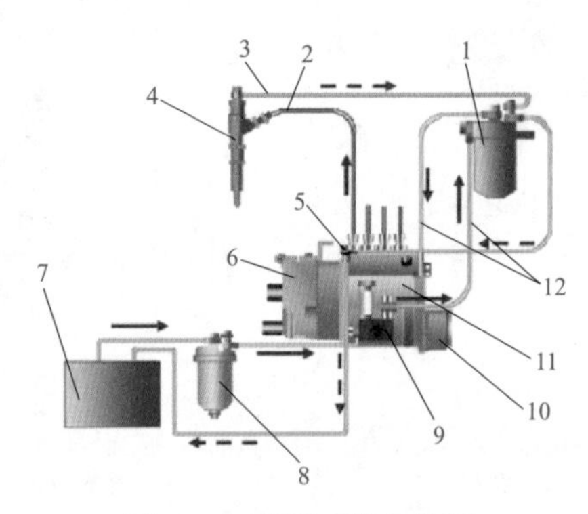

图1–13　燃油系统结构图

1–燃油滤清器；2–高压油管；3–回油管；4–喷油器；5–限压阀；6–调速器；
7–燃油箱；8–油水分离器；9–输油泵；10–喷油提前器；11–喷油泵；12–低压油管

（6）启动系统。柴油机启动系统的作用：通过启动机将蓄电池的电能转换成机械能，供给曲轴转动，使发动机达到必需的起动转速，以便使发动机进入自行运转状态。启动系统原理图见图1–14，启动机原理图见图1–15，启动机结构图见图1–16。

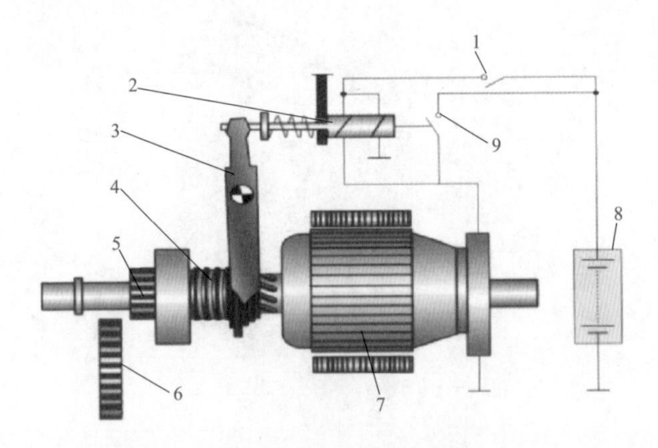

图1–14　启动系统原理图

1–启动开关；2–铁芯；3–驱动杠杆；4–弹簧；5–齿轮；
6–飞轮；7–起动机；8–蓄电池；9–短路开关

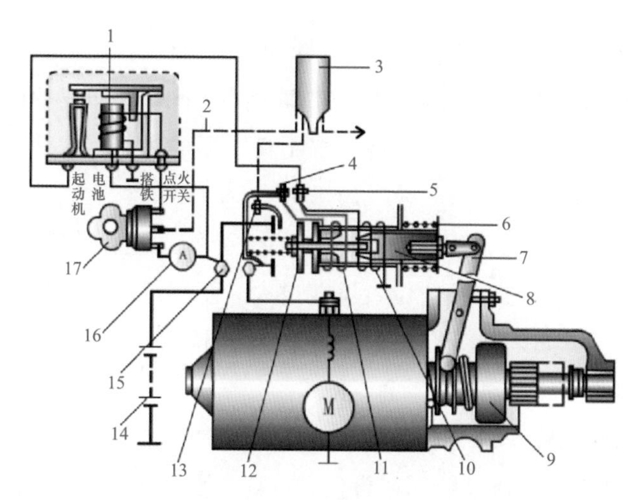

图1-15　启动机原理图

1-起动继电器线圈；2-附加电阻线；3-点火线圈；4-吸引线圈接线柱；5-起动机接线柱；6-回位弹簧；7-拨叉；8-引铁；9-离合器；10-保持线圈；11-吸引线圈；12-触盘；13-附加电阻线短路接柱；14-蓄电池；15-电动机接柱；16-电流表；17-点火开关

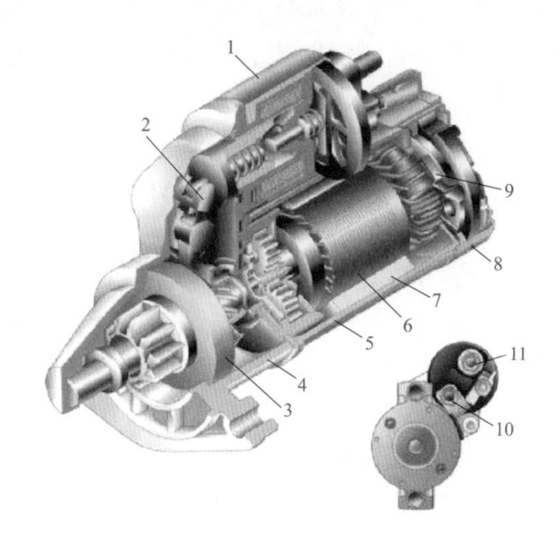

图1-16　启动机结构图

1-电磁开关组件；2-拨叉；3-单向离合器；4-前端盖；5-壳体；6-电枢；7-定子；8-后端盖；9-电刷；10-起动电流接线柱；11-电磁开关接线柱

4. 发动机的使用注意事项

（1）为了防止启动机损坏和保护电瓶，连续启动发动机的时间不得超过15s，如果不能启动需2min后再启动。

（2）发动机启动后，在曲轴和轴承之间、活塞和气缸套之间重新建立油膜需要一定的时间，所以启动后不要立即加速、带载。

（3）发动机怠速时间不能过长，严禁超过15min。如发动机怠速时间过长，会导致燃烧室温度下降，引起燃烧不良，形成积炭阻塞油嘴喷孔并引起活塞环和气门的卡滞。

（4）带有涡轮增压器的发动机在停机前，要特别注意怠速运转几分钟。

（5）牵张机工作时的倾斜位置不能过大。工程机械用内燃机的油底壳一般为湿式油底壳，如果倾斜位置超过最大允许倾斜度（一般为30°~35°），将导致吸油中断，损坏发动机。

（6）正确选择机油，及时更换“三芯”（柴油滤清器、机油滤清器、空气滤清器）。此外，牵张机一般都在含尘量较高的野外作业，空气滤清器的定时清洁异常重要，必要时可选择加装空气预滤器。

（7）发动机工作过程中冷却液的温度应保持在80~95℃之间，此时发动机的各工作零件得到均匀膨胀，从而获得最佳油膜间隙。如果发动机冷却液温度过低，一些未燃烧的柴油冲刷缸壁上的油膜并稀释曲轮箱中的机油，会造成发动机所有运动零件润滑不良。

（8）曲轴箱通风装置要保持正常通风。内燃机工作时，气缸内的一部分可燃混合气和废气经活塞、活塞环与气缸壁之间的间隙漏入曲轴箱中。泄漏的气体会使曲轴箱内压力增高，造成油封、衬垫等处机油渗漏；漏入的燃料蒸汽和二氧化硫、水蒸气等凝结在机油中形成泡沫，会破坏机油的正常供给。二氧化硫遇水生成亚硫酸，亚硫酸遇到空气中的氧生成硫酸，会使内燃机零件产生腐蚀。

（9）发动机使用过程中故障现象的一般判断方法：利用看、听、摸、闻等手段，结合原理和经验，查明故障发生的确切原因。听诊法：利用听诊法来判别异常响声，也可以用较长的螺丝刀来当听诊器。部分停止法：如果经分析怀疑某一部分有问题，可使该部位局部停止工作，看故障是否消失，从而判别故障原因。比较法：如怀疑故障是由某一零部件引起的，可将新的零部件换上，然后比较前后工作状况是否有变化，从而找出故障原因。试探法：用改变部分工作状态和技术标准的方法来观察发动机工作性能的变化，判别故障原因。

1.3.2 电气部分

1. 电气系统组成

（1）电源系统。电源系统包括蓄电池、发电机及其调节器。前两者是并联工作，发电机是主电源，蓄电池是辅助电源。发电机配有调节器的作用是在发电机转速升高时，自动调节发电机的输出电压使之保持稳定。

发电机是牵引机电气系统的主要电源，它在正常工作时，对除启动机以外的所有用电设备供电，并向蓄电池充电，以补充蓄电池在使用中所消耗的电能。

牵引机所用的发电机是整体式交流发电机（发电机及其调节器制成一个整体）。利用硅二极管整流变换成直流，故又称硅整流发电机。

（2）发动机电路，主要由启动、预热、熄火三部分电路组成。

（3）组合仪表，包括用于测量电压、水温、机油压力、燃油、发动机转速、液压油油温的仪表和各种报警灯，用来监测发动机和其他装置的工作情况。

（4）作业电气系统，基本原理是利用可编程控制器和继电器控制电磁阀吸合和断开，从而控制液压油路，实现不同功能。

（5）配电系统，包括电路开关、保险装置、插接件和导线等。

2. 整车电路系统组成与分析

电源系统和发动机电路图见图1-17。

（1）电源电路。

电源电路由蓄电池、电源开关、电磁式电源总开关、发电机、启动开关、保险盒等组成。

蓄电池负极搭铁，正极通过熔丝接启动开关，并接电源总开关，操作人员按下电源开关后，电磁式电源总开关线圈通电，开关主触点接通，蓄电池负极通过开关主触点与车体相连，整车电路通电。扳动启动开关，发动机启动后，发电机开始发电，发电机B端与电瓶正极输出端并联，既对蓄电池充电，也向整机供电。此时发电机电压升高，组合仪表充电指示灯熄灭。

保险盒分别向启动开关、大灯、电磁式电源总开关线圈、熄火器、启动继电器线圈、组合仪表等供电。

（2）发动机电路。

发动机电路主要由启动、预热、熄火三部分电路组成。常见电气元件图形符号表见附录B。电源系统和发动机电路图见图1–17。

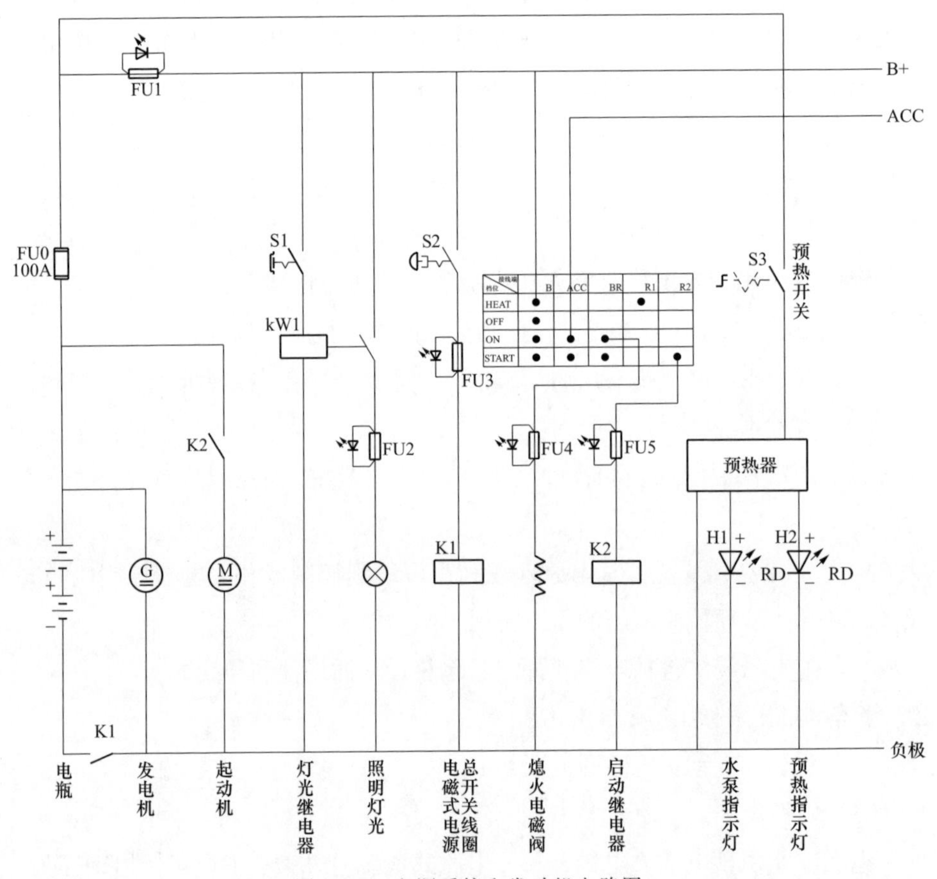

图1–17　电源系统和发动机电路图

1）启动电路。启动电路由蓄电池、启动开关、启动继电器、启动复合继电器、启动马达等组成。发动机启动时，启动继电器主触点因线圈通电而吸合，从而启动马达内部继电器线圈通电，启动马达内部继电器主触点接通，电流经蓄电池负极（地）→蓄电池正极→电源总开关→启动马达S→启动马达B→马达定子线圈→蓄电池负极，启动马达转动，发动机被启动。发动机启动后，发电机开始发电，从而使启动复合继电器常闭继电器线圈通电，其主触点断开，启动复合继电器常开继电器主触点因线圈断电而断开，启动马达断电而停止运转，从而保护了启动马达在发动机启动后被拖动运转而损坏。

2）预热电路。预热电路由蓄电池、预热开关、水预热器等组成。冬天启动时，因气温低，发动机启动困难，这时启动前须预热。启动前，预热开关转至预热位置，预热器通电对发动机水箱中的水加热，同时，预热信号传送至预热指示灯，预热指示灯亮；水泵工作，水泵信号传送至水泵指示灯，水泵指示灯亮。

3）熄火电路。发动机采用熄火电磁阀熄火电路，电路由启动开关、熄火电磁阀组成。当启动开关置于启动档时，熄火电磁阀线圈通电，电磁阀吸合，脱离熄火状态，发动机能正常工作，发动机要熄火时，启动开关置于起始档，使熄火电磁阀线圈断电，熄火电磁阀脱离吸合状态，发动机熄火。

3. 电气系统各部件

（1）放大器。放大器仪表盘见图1-18。

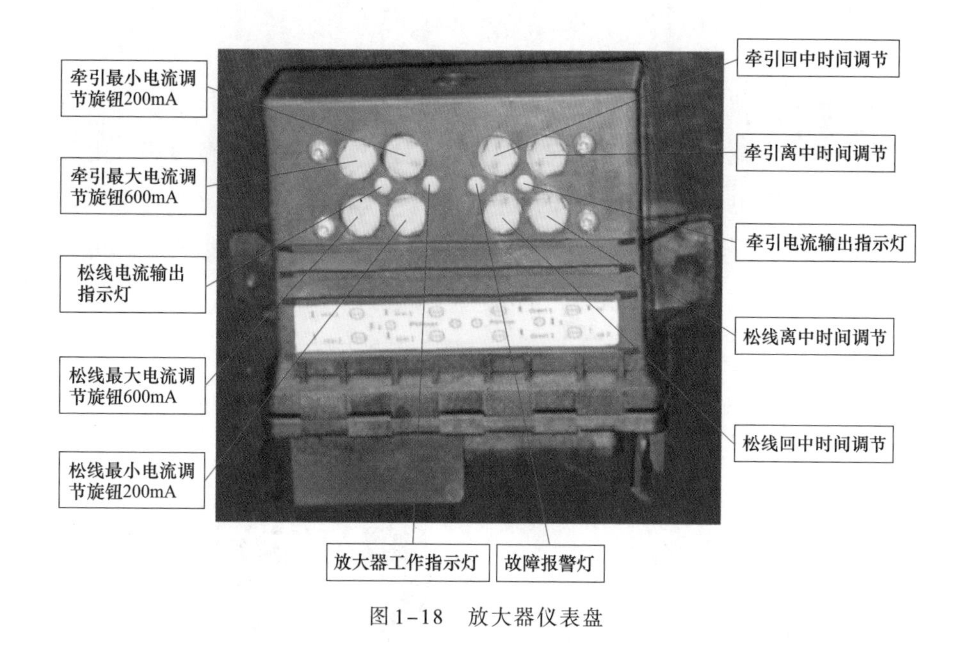

图1-18　放大器仪表盘

所有旋钮调节时，均顺时针方向递增，逆时针方向递减，时间旋钮转一圈约0.15s，调节牵引送线电流时，应将万用表串接在回路中观察仪表显示并调节。放大器标识图见图1-19。

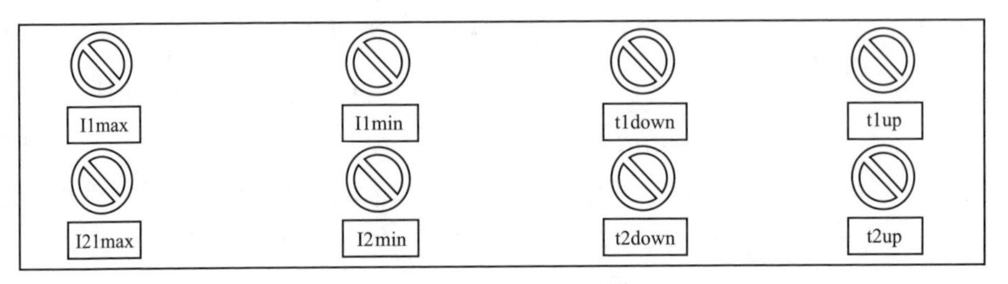

图 1-19　放大器标识图

注：I为电流控制，t为时间控制；max为最大，min为最小；down为回中，up为起步；
1一般为牵引，2一般为送线。单泵200～600mA，双泵400～1200mA。

电流调节步骤：万用表串到该回路，电控手柄开启小角度，调节最小电流（200mA或400mA），开启最大，调节最大电流（600mA或1200mA）。

时间调节步骤：回中反应缓慢或冲击，起步反应缓慢或冲击。

看牵引、送线比例电磁阀线号找到接线排上对应的号，使用万用表分别串联在接线排两端相应线号之间，利用平口螺丝刀转动调节钮，观察万用表电流变化进行调节。

（2）硅整流发电机。

硅整流发电机主要由定子、转子、外壳及硅整流器四部分组成，它是三相同步电机，其磁极为旋转式。其励磁方式是：在启动和低转速时，由于发电机电压低于蓄电池电压，发电机是他励的（由蓄电池供电）；高转速时，发电机电压高于蓄电池充电电压，发电机是自励的。硅整流发电机结构见图1-20，硅整流发电机接线示意图见图1-21。

（3）硅整流发电机调节器。

硅整流发电机由内燃机带动，它的转速随内燃机的转速在一个很大的范

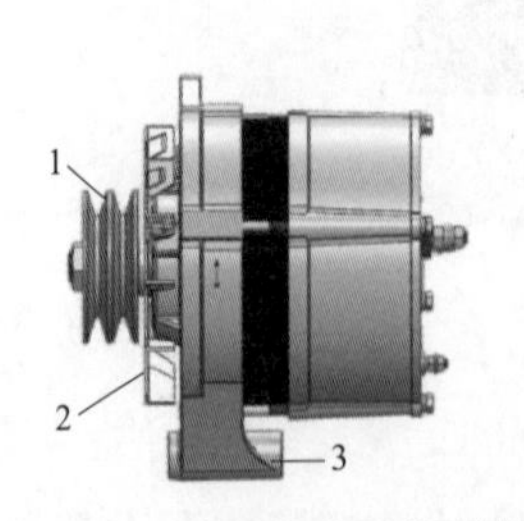

图 1-20　硅整流发电机结构

1-皮带轮；2-散热风叶；3-安装挂角

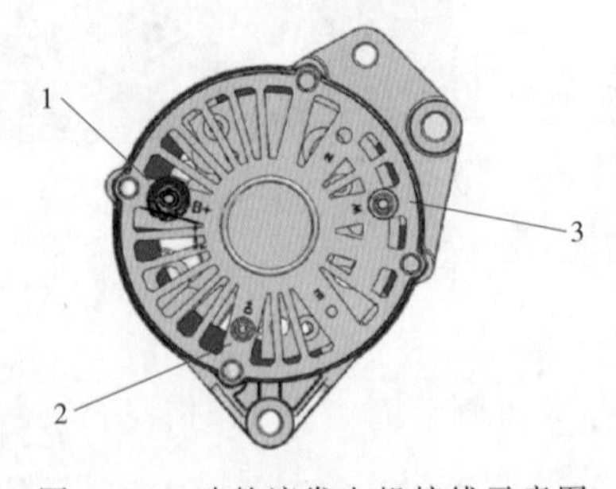

图 1-21　硅整流发电机接线示意图

1-B+端连接蓄电池正极；2-D+端连接充电指示灯；3-W端连接转速表

围内变动。发电机的转速高，发出的电压高；转速低，发出的电压低，为了保持发电机的端电压稳定，必须设置电压调节器。

硅整流发电机电压调节器的结构按有无触点可分为电磁振动触点式调节器、晶体管调节器及由以上两种结构组合成的混合式调节器。发电机结构见图1–22。

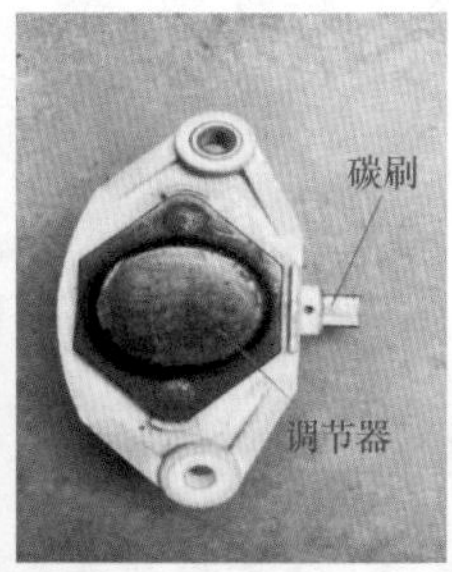

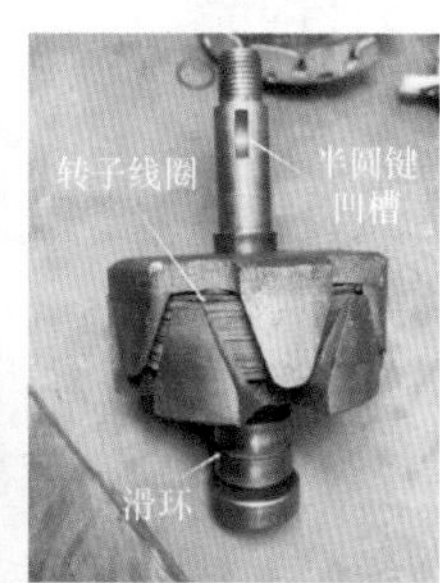

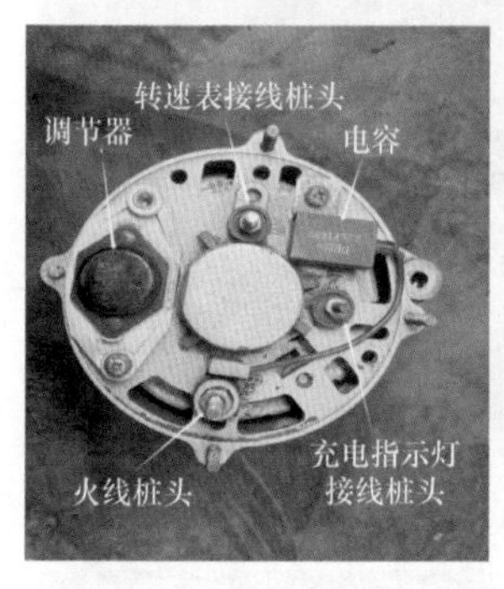

图1–22　发电机结构

（4）牵引送线手柄。

泵控手柄模拟量接线端有4个接线口，A（正极）为+5V电，S（信号端）为信号线，E（负极）为−5V电，M（接线端）不接线。手柄开关接线端有两组开关，分别接5和05一对（放大器控制机型为+24V电、电脑板控制机型为+5V电）、3和03一对（放大器控制机型为+24V电、电脑板控制机型为+5V电）。牵引送线手柄接线图见图1–23，牵引送线手柄外形图见图1–24。

（5）压力调节旋钮。

压力调节旋钮只有模拟量信号，接线端有4个接线口，A（正极）为+5V电，S（信号端）为信号线，E（负极）为−5V电，M（接线端）不接线。压力调节旋钮注解图见图1–25。

图1-23　牵引送线手柄接线图

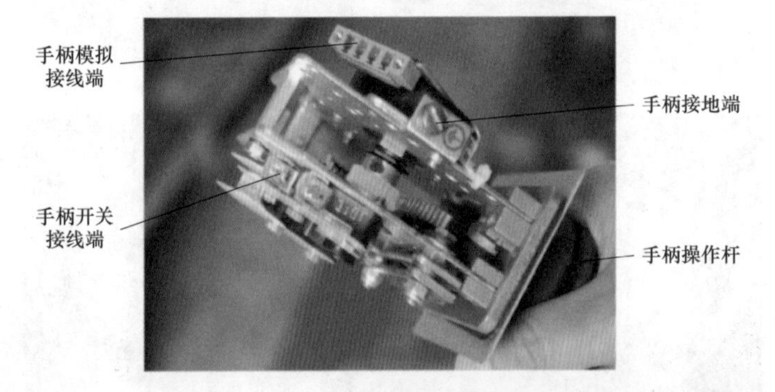

图1-24　牵引送线手柄外形图

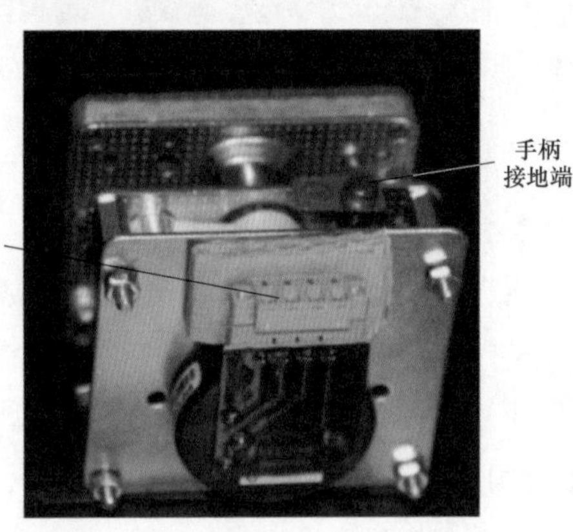

图1-25　压力调节旋钮注解图

（6）张力机插装阀。

张力机插装阀结构见图1-26。

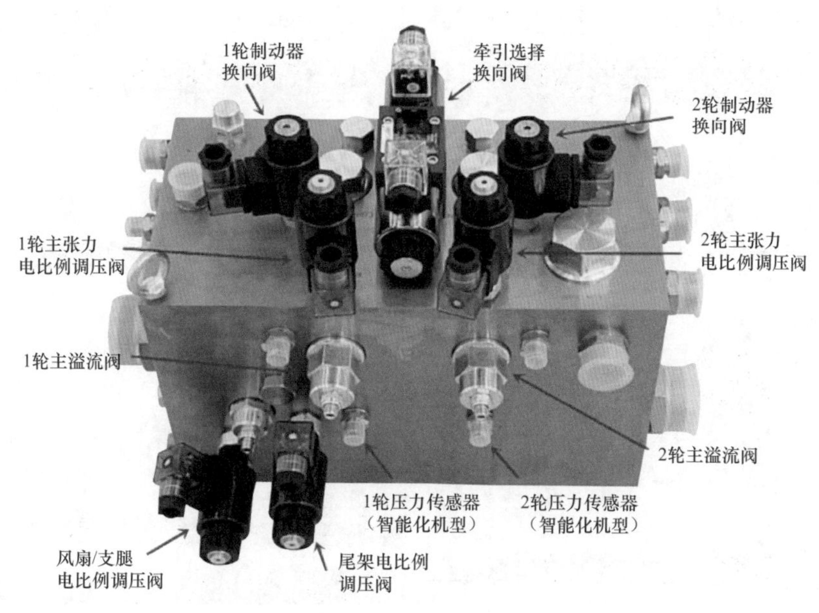

图1-26　张力机插装阀结构

（7）牵引机插装阀。

牵引机插装阀结构见图1-27。

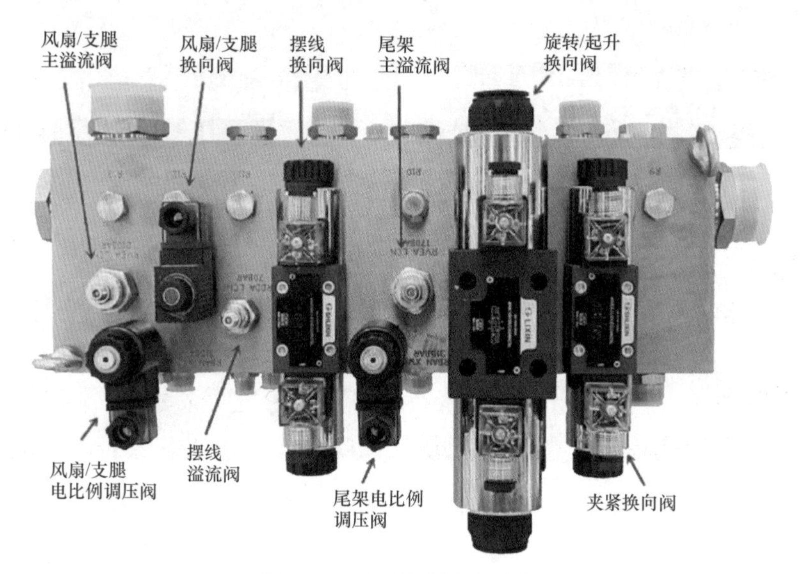

图1-27　牵引机插装阀结构

（8）电脑板针脚注解，见图1-28。

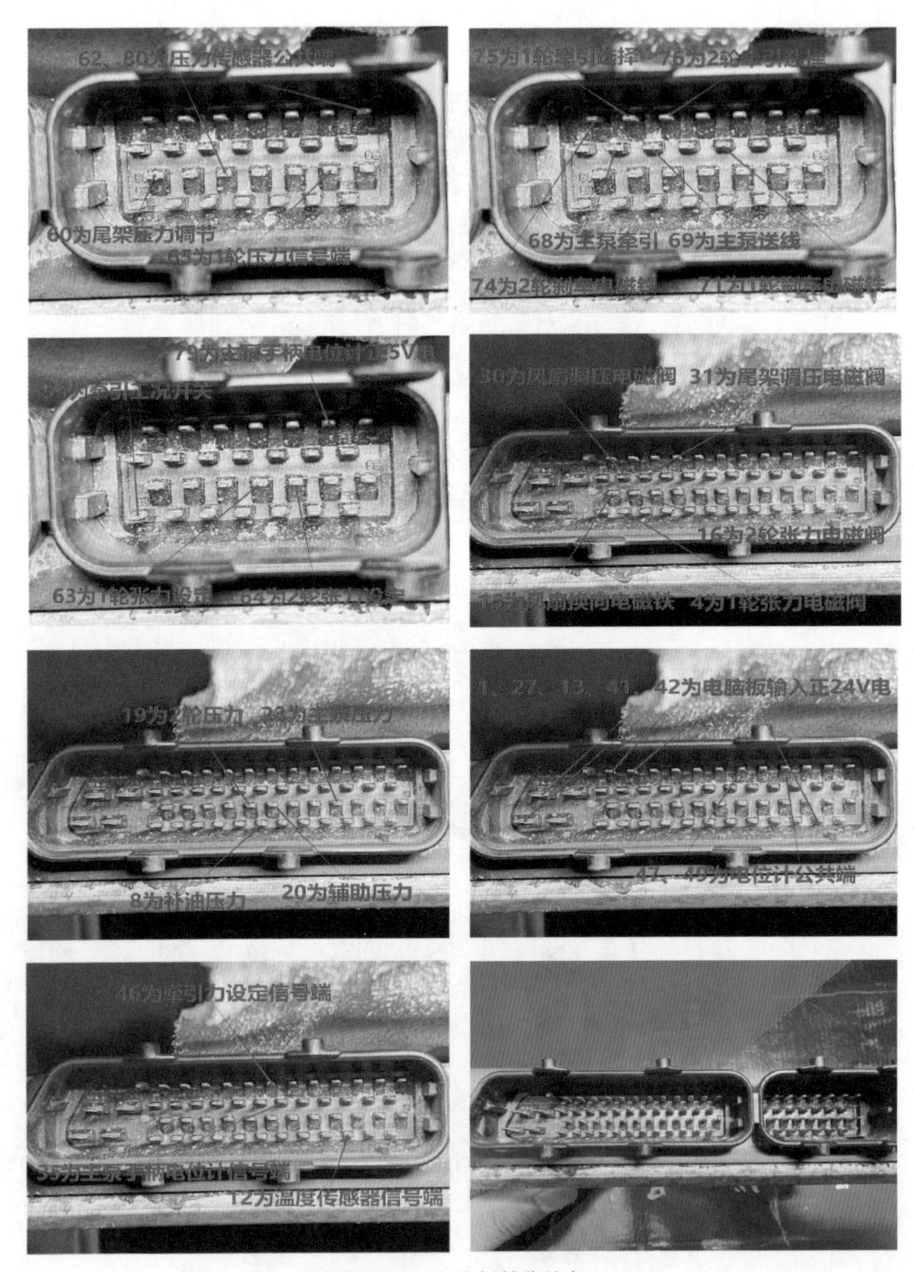

图 1-28　电脑板针脚注解

（9）压力传感器。

压力传感器接头正负极相连，将造成短路，使设备各压力显示不正常。压力传感器见图1–29，压力传感器接头见图1–30。

图1-29　压力传感器

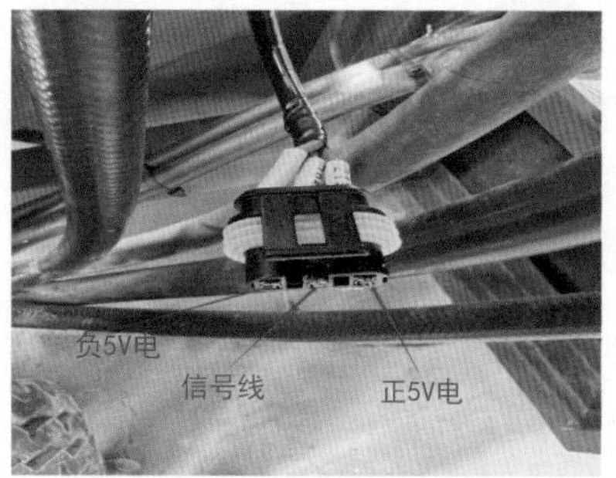

图1-30　压力传感器接头

（10）启动开关。

启动开关各桩头注解见图1-31。

图1-31　启动开关各桩头注解

（11）继电器。

牵引机尾架排线实物图见图1-32，施耐德继电器接线端注解见图1-33。

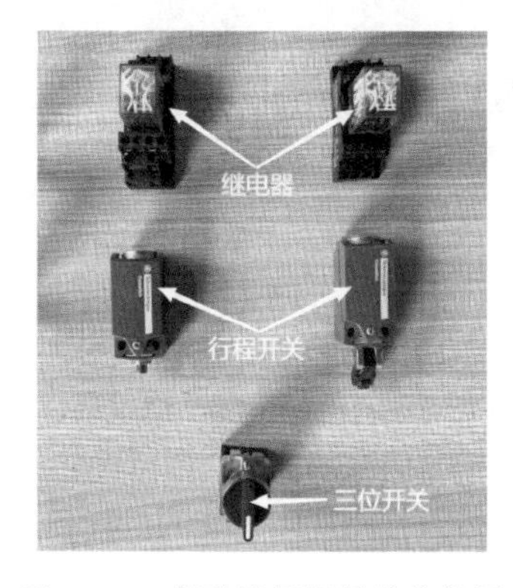

图1-32　牵引机尾架摆线实物图

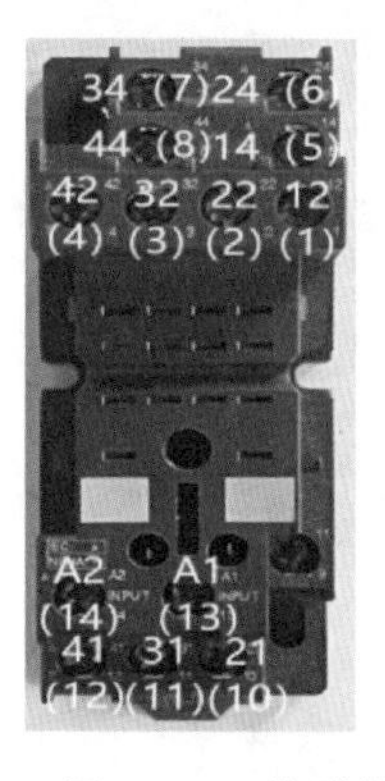

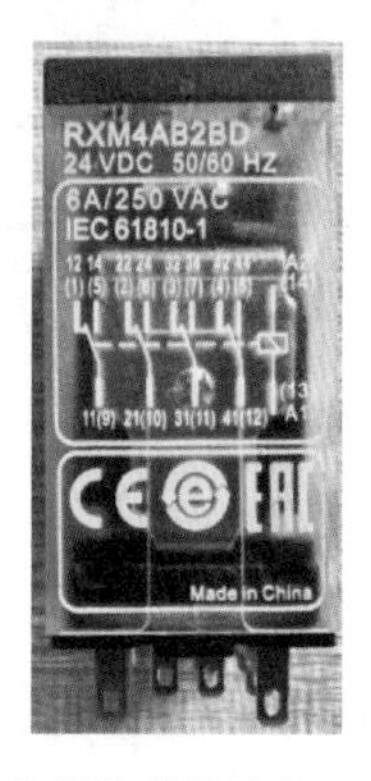

图1-33　施耐德继电器接线端注解

9（11）为公共端，对应1（12）为常闭，5（14）为常开。

10（21）为公共端，对应2（22）为常闭，6（24）为常开。

11（31）为公共端，对应3（32）为常闭，7（34）为常开。

12（41）为公共端，对应4（42）为常闭，8（44）为常开。

13和14为继电器线圈。

1.3.3 液压部分

1. 液压传动的组成

液压传动是以液体为工作介质，利用封闭系统中液体的静压能实现动力和信息的传递及工程控制的传动方式。

液压系统一般由动力部分、执行部分、控制部分、辅助部分和工作介质五部分组成。

（1）动力部分。动力部分主要指各种液压泵，作为整个液压系统的动力源，它是将原动力转变为液压能的装置，表现形式为输出具有一定压力的油液。主泵剖面示意图见图1-34，主泵外形示意图见图1-35。

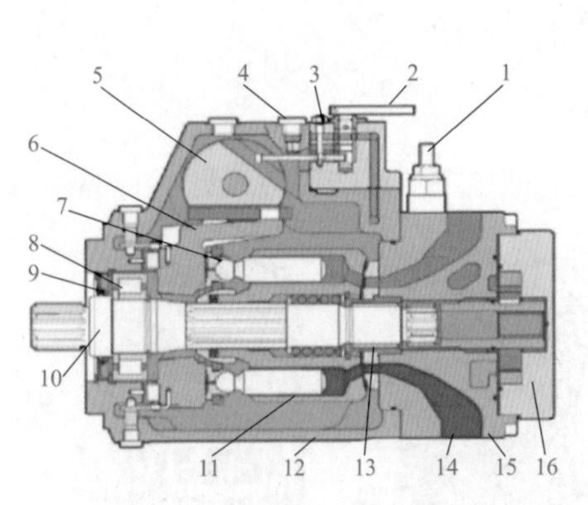

图1-34　主泵剖面示意图

1-压力切断阀；2-控制手柄；3-控制阀；4-测压口；5-伺服油缸；6-摇摆；7-柱塞滑靴；8-主轴承；9-主轴密封；10-主轴；11-缸体；12-主壳体；13-后轴承；14-主油口；15-后端盖；16-补油泵

图1-35 主泵外形示意图

1-A、B油口；2-控制阀；3-排量限制；4-伺服测压口；5-伺服油缸；6-安装口；7-主轴；8-主壳体；9-回油口；10-配油盘定位螺栓；11-辅助油口；12-B口测压；13-补油压力；14-A口测压；15-补油泵；16-后端盖；17-高压溢流阀

（2）执行部分。执行部分包括各种马达、液压油缸和阀类。它是将液体的压力能转变为机械能，驱动各工作机构做旋转或直线运动，并对外做功。液压油缸示意图见图1-36，液压马达示意图见图1-37，柱塞马达示意图见图1-38。

图1-36　液压油缸示意图

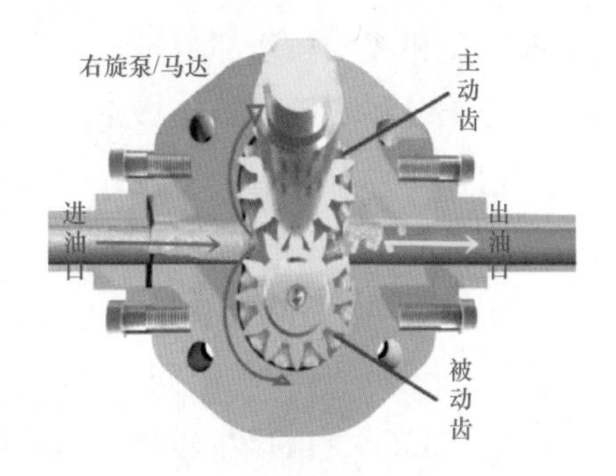

图1-37　液压马达示意图

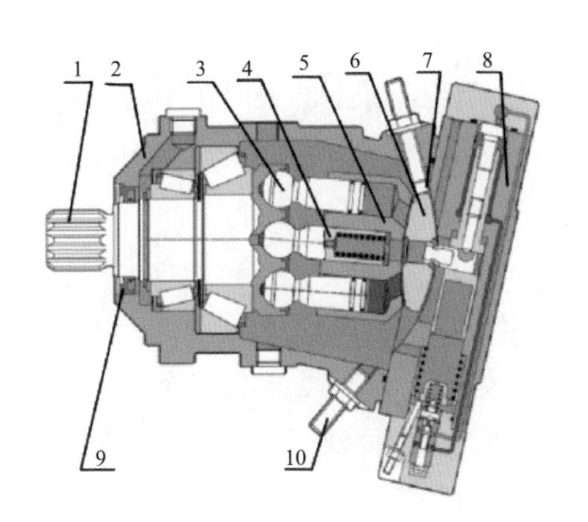

图1-38　柱塞马达示意图

1-主轴；2-壳体；3-柱塞；4-芯轴；5-缸体；6-配流盘；7-上限位螺钉；8-变量机构；9-骨架油封；10-下限位螺钉

（3）控制部分。控制部分由各种阀件组成。阀件根据工作原理和用途可以分为压力控制阀、流量控制阀和方向控制阀。控制部分的作用是控制液压系统油液的方向、压力和流量，以保证执行机构完成设计的运动，实现牵张设备的各种功能。

（4）辅助部分。辅助部分主要由油管、油箱、散热器、仪表等组成。它和液压系统的其他部分共同组成一个完整的液压系统，来实现对油液的传递、储存和散热等。

（5）工作介质。工作介质是指液压油或其他合成液体，是液压系统的载能介质。

2．液压泵和液压马达

液压泵和液压马达都是靠密封容积的变化实现能量转换的，所以又称为容积式液压泵和液压马达。从原理上讲，任何一种容积式液压泵都可以作为马达使用，即具有可逆性。但有些泵为了提高其性能，在结构上采取了一些措施，限制了其可逆性。

（1）液压泵和液压马达的基本参数。

流量（L/min）：单位时间内液压泵所排出的液体的体积。

排量（ml/r）：液压泵转动一圈所排出的液体的体积。它是只取决于泵的结构参数。例如，125泵就是指该泵的排量为125ml/r，即其转动一圈排出的油液为125ml/r。

压力（bar或MPa）：单位面积上的法向作用力。液压泵输出的液体实际压力取决于外载荷。在液压系统工作过程中，泵的压力随载荷的变化而变化，载荷增加则压力升高，载荷减小则压力下降。

（2）液压泵的分类。

1）根据结构形式不同可分为齿轮泵、柱塞泵、叶片泵。

2）根据排量是否可改变分为变量泵和定量泵。

（3）液压控制阀的分类。各种液压阀是液压系统的控制元件，用来控制液压系统液流的方向、压力和流量，以便实现机械的各种功能。根据液压控制阀的用途和工作原理，通常分为三大类：

1）方向控制阀：控制液流的通断，改变液流的流向，以控制机械执行机构的运动方向。主要有单向阀、转阀和换向滑阀等。

2）压力控制阀：控制系统的工作压力，以适应机械执行机构输出力或转矩的大小，并对液压系统的过载起保护作用。主要有溢流阀、减压阀、顺序阀和平衡阀等。预调电磁阀实物图见图1-39。

调节预调压力时，松开背帽，调节中心螺杆，顺时针为加压，逆时针为减压。

3）流量控制阀：通过改变液流量，控制机械执行机构的运动速度。主要有节流阀、调速阀和分集流阀等。

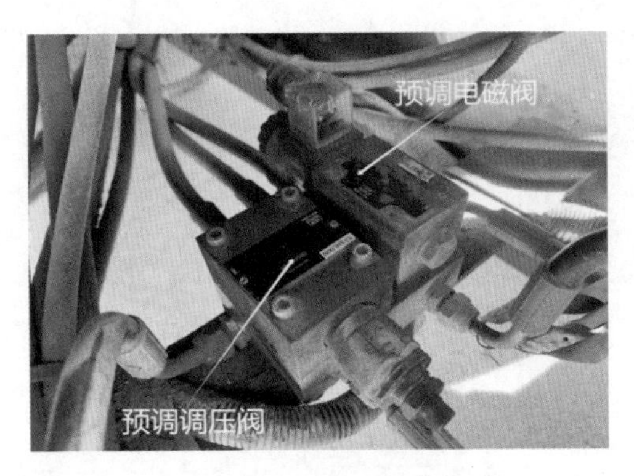

图1-39　预调电磁阀实物图

1.3.4 机械部分

1. 张力机张力轮绕线方法

面向展放导线线路方向，自前轮前侧进线、后轮后侧出线，按左进右出的方法绕线。张力机绕线方法示意图见图1-40。

2. 牵引机牵引轮绕线方法

面向牵引导线线路方向，自后轮后侧进线、前轮前侧收线，按左进右出的方法绕线。牵引机绕线方法示意图见图1-41，卷线杠、并轮销示意图见图1-42。

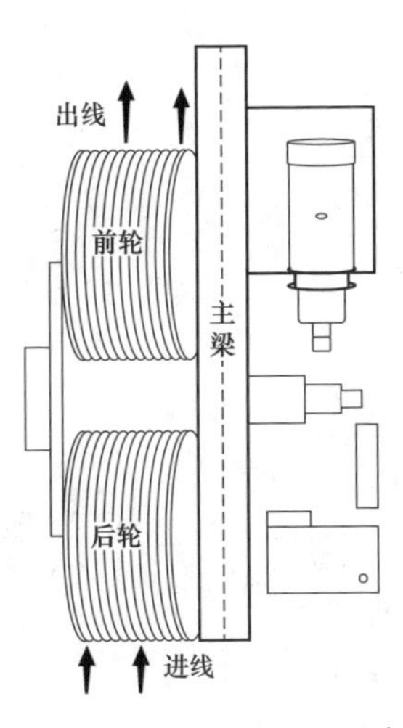

图1-40　张力机绕线方法示意图

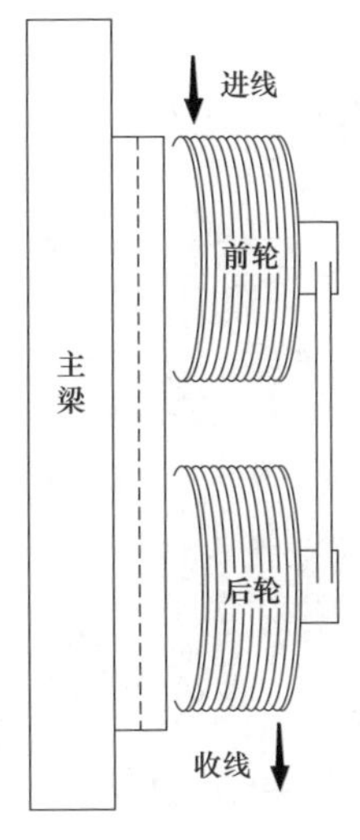

图1-41　牵引机绕线方法示意图

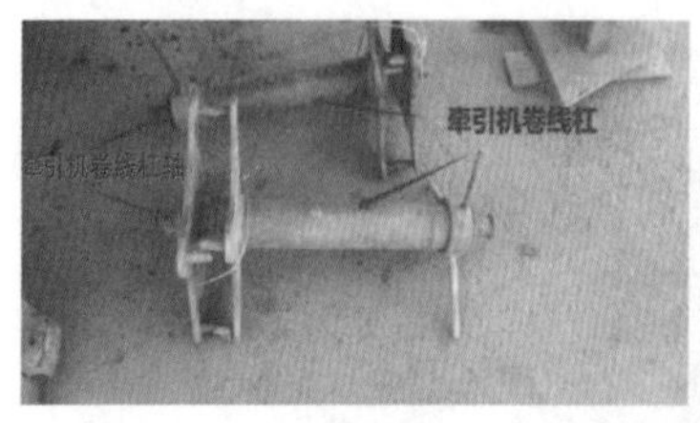

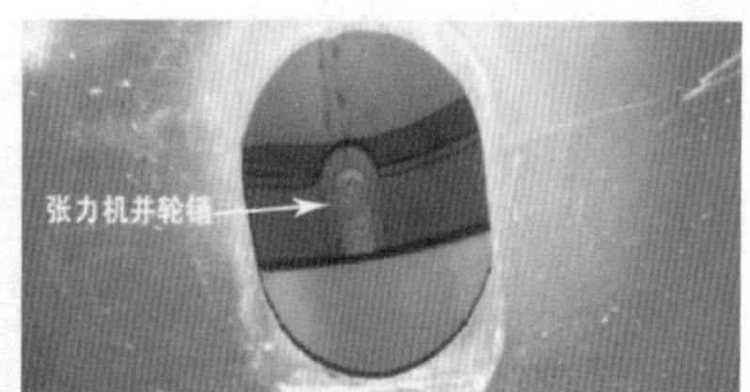

图1-42　卷线杠、并轮销示意图

3. 齿轮传动

齿轮传动是利用齿轮的啮合关系将动力传递给其他部件，主要体现在张力轮、牵引轮及减速机。齿轮传动具有传动效率高、传动比稳定、传动精度高的特点。张力轮、牵引轮齿轮传动见图1-43，减速机行星齿轮传动见图1-44，减速机刹车片见图1-45。

图1-43　张力轮、牵引轮齿轮传动

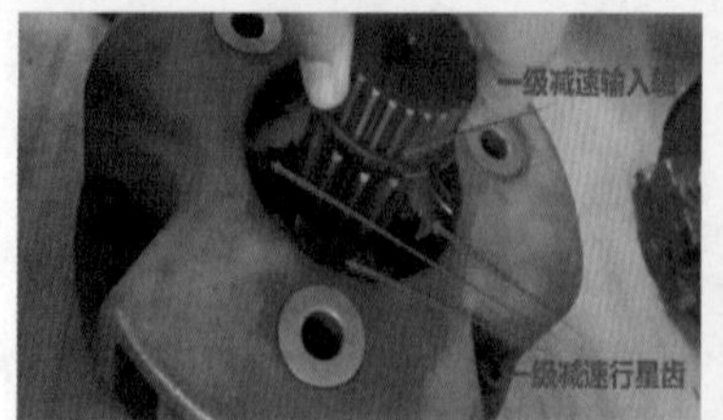

图1-44　减速机行星齿轮传动

图1-45 减速机刹车片

4. 牵引机链传动装置

链传动由链轮、链条及链轮间的传动装置等组成。在牵引机上体现为尾架卷线装置，其采用链条作为传动介质将动力传递给牵引绳盘，尾架链条的张紧程度可通过张紧调节螺丝调节。链传动具有传动效率高、传动功率大、传动精度高的特点，其链条结构坚固耐用，适用于承受大扭矩和高速运动的场合。牵引机尾架链传动见图1-46。

图1-46 牵引机尾架链传动

5. 牵引机排线装置

牵引机上的排线装置原理为往复丝杠运动，其通过丝杠与滑块的啮合作用，将旋转运动转化为直线运动，实现在丝杠轴上的来回直线位移。

排线装置组成部分主要包括牵引机排线丝杠、丝杠滑块和导轨。当丝杠旋转时，丝杠滑块会沿着丝杠轴向移动，将旋转运动转化为直线运动，实现往复的线性位移。导轨则提供了支撑和引导作用，使得滑块沿着丝杠轴向平稳地运动。牵引机排线装置见图1–47。

图1–47　牵引机排线装置

6. 发动机皮带传动装置

皮带传动主要体现在柴油发动机上。带传动包括带轮、传动带、张紧装置等。传动带通常采用耐磨、耐拉伸的橡胶材料制成，可通过带轮间的摩擦力将动力传递到被拖动的部位上。张紧装置用于保持传动带的张紧度，保证传动的可靠性和稳定性。皮带传动可以适应不同尺寸和形状的带轮，具有较好的适应性和灵活性。发动机皮带传动见图1–48。

图1–48　发动机皮带传动

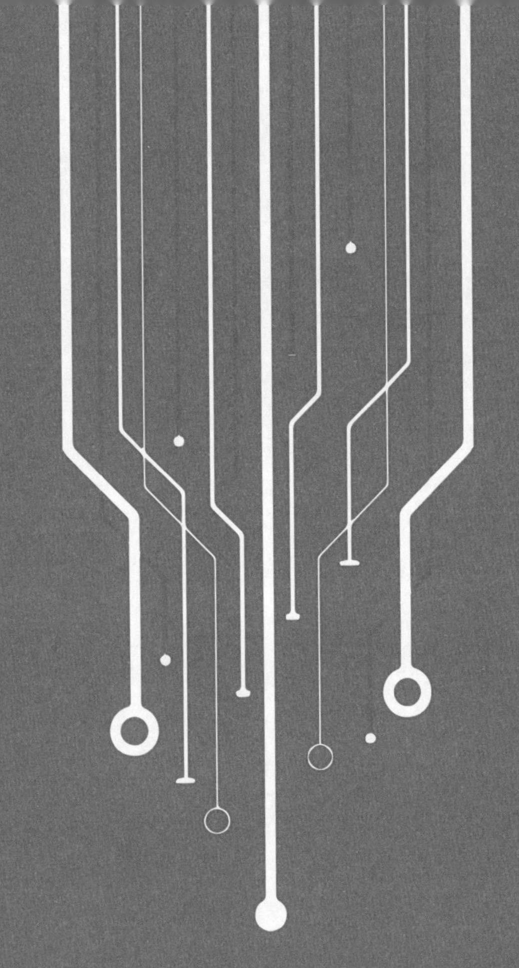

第 2 章

张力放线设备正确操作方法和注意事项

张力放线设备运行过程中，影响其运行状态的因素较多，如操作人员操作是否规范、日常保养是否执行到位等，这些因素都会对设备的运行状态及使用寿命造成较大的影响。本章对张力放线设备的正确操作方法和注意事项做了重点讲述。对正确操作张力放线设备、减少设备故障隐患具有重要意义。

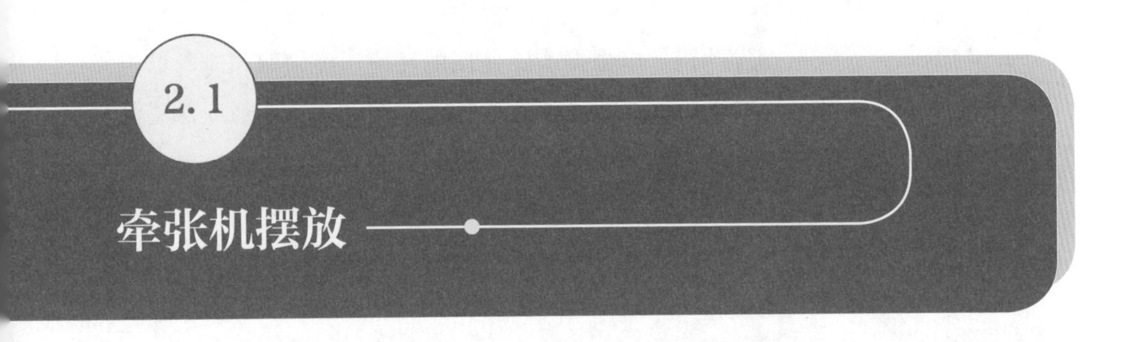

2.1 牵张机摆放

（1）设备摆放前平整工作场地，摆放时尽量将牵引机摆放在施工线路中心线正下方的位置，保证出线仰角不大于15°且不小于-5°，机头应朝向施工线路中心线，便于选取地锚的开挖位置。

（2）调整设备前、后支腿，保证设备发动机处于水平位置。同时牵引机前后支腿应采取防沉降措施（铺上多层木板或垫木），防止受力后下沉造成设备不平稳。

（3）使用手扳葫芦将地锚与牵引机进行锚固，收紧链条保持适当张力。

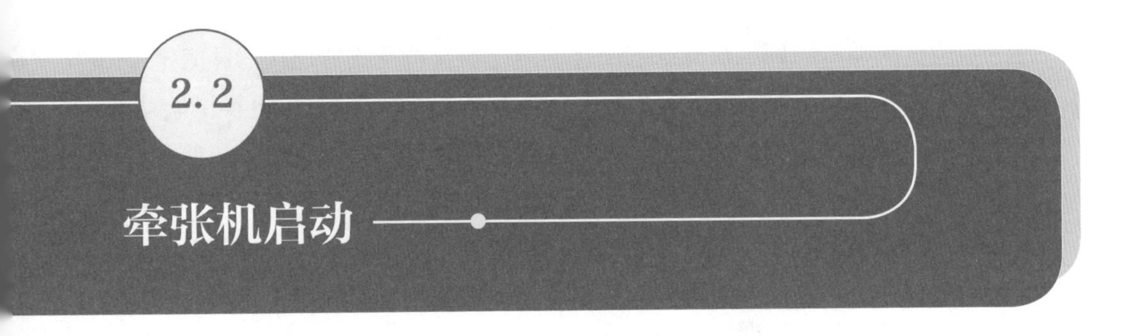

2.2 牵张机启动

（1）牵张机锚固后，接通本机电源，顺时针旋转启动钥匙至一档位置，检查操作面板各仪表、指示灯工作是否正常。

（2）将操作面板内所有手柄置于起始位置，将各液压控制旋钮减至最小，发动机油门置于最小位置，避免带载启动造成设备部件受力冲击。

（3）顺时针旋转启动钥匙至启动档位置，启动发动机。发动机启动成功后，应立即松开启动钥匙，调节发动机转速，检查各仪表、指示灯工作是否正常。启动时间不能超过10s，连续启动要间隔2min。

（4）寒冷天气启动发动机，应根据实际使用的环境温度采取相应的低温辅助启动措施，如将柴油机的机油和冷却液预热到70～80℃；用适应低温需要的柴油、机油和冷却液。

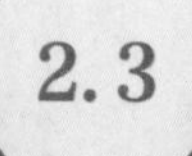

2.3 牵引机尾架绳盘更换

（1）抗弯连接器绕绳盘2～3圈后，牵引机停止牵引，操作夹线器开关置于夹紧位置，观察夹线器油缸顶板将牵引绳夹紧，将夹线器开关置于保持位置。

（2）将尾绳压力调至最低，人工转动尾绳盘，拆下抗弯连接器并固定牵引绳头；打开卷线杠轴压板，脱开拨块，抽出卷线杠轴固定销；更换绳盘时，先将尾架起升旋转开关置于起升位置，缓慢增加尾架压力，直至尾架油缸将绳盘顶起，后将尾绳压力调至最低，待绳盘落地后再将尾架起升旋转开关置于中位，即可拆下绳盘。

（3）将安装好卷线杠的空绳盘放到尾架绳盘架位置上；操作尾架起升旋转开关置于起升位，升起尾架臂并扳动尾架臂支撑架，使其放在机械支撑位置上；压紧卷线杠轴压板，插入卷线杠轴固定销，人工缠绕牵引绳头。

（4）将尾架拨块扳放在绳盘十字板内，操作尾架起升旋转开关置于旋转位，调整尾绳压力至5MPa左右（调整前注意旋转部位无人操作），检查绳盘缠绕情况和尾架固定情况，确保正常后操作夹线器开关至松开位置，待夹线器油缸顶板下螺杆将行程开关触点压紧，将夹线器开关置于保持位置，换盘操作完毕。

2.4 牵引机主动工况时的操作

1. 主动工况牵引时的操作

（1）要确定张力机已经启动，刹车已经打开才能开始牵引。

（2）调整油门，将发动机转速调至1600r/min以上（根据牵引力情况同步调整发动机转速，保证发动机输出功率与负载匹配）。

（3）将尾架起升旋转开关扳至旋转位置，使尾架卷扬开始转动。

（4）调节尾架压力，如用1000mm绳盘，不低于10MPa；如用500mm绳盘，不低于7MPa。同时根据尾绳张紧状况，最高压力不得高于14MPa。通过调节尾架压力调节旋钮，调节卷扬力和速度。保证施加于牵引绳的拉力达到牵引绳不脱滑所需的最小值。

（5）扳动牵引手柄至牵引位置开始牵引。稍微向牵引方向扳动牵引手柄，使牵引机慢速牵引（牵引速度与牵引手柄朝牵引方向扳动角度的大小成正比）。

（6）当现场指挥通知全线路已经升空，各级杆塔的滑车都正常工作后，首先要观察清楚牵引轮上牵引绳已经受上力，线路一切正常。此时可操作油门和牵引手柄均匀加速牵引。加速牵引时，操纵牵引手柄前应先通过油门提高发动机转速。在起步和提速时禁止小油门大负荷牵引。

2. 主动工况送线时的操作

（1）首先调整尾架压力调节旋钮，使尾架卷扬压力减小到3MPa，使尾部牵引绳适当放松（倒车时卷扬系统压力不低于3MPa，不高于4MPa）。

（2）平缓扳动牵引手柄到送线位置，此时牵引机即实现倒车送线作业。

2.5 张力机张力工况时的操作

（1）作业前检查并轮销连接状态，并轮作业应将张力轮内的并轮销连接。先打开张力机并轮销观察盖板，转动1轮使其并轮销孔处于观察可视位置，随后将1轮制动，转动2轮使其并轮销孔处于观察可视位置并与1轮并轮销孔对正，逆时针转动并轮销调整螺丝，将并轮销自2轮并轮销孔穿入1轮，完成并轮作业；如不进行并轮作业，应将并轮销拆开，使之处于脱开状态。解除并轮作业的方法：先打开张力机并轮销观察盖板，转动张力轮使其并轮销孔处于观察可视位置，随后顺时针转动并轮销调整螺丝，将并轮销自1轮并轮销孔脱出，解除并轮作业。

（2）放线前检查张力轮上的导地线或牵引绳的缠绕状态，确保缠绕圈数符合要求，无跳槽。

（3）启动张力机后调整尾绳压力至5MPa左右，此压力的调节应确保尾绳保持一定的张力，以缠绕在张力轮上的线绳不打滑为宜，放线过程可根据绳盘重量调整尾绳压力，防止压力过大尾架倾覆。

（4）将工况选择开关置于张力位，调节1、2轮张力至最大值，按下总刹车控制按钮，再分别按下1、2轮刹车控制按钮，刹车指示红灯灭，刹车指示绿灯亮，此时1、2轮刹车均打开。

（5）逐步调节1、2轮预置张力，达到施工方案要求，即可开始正常作业。

2.6 张力机主动工况时的操作

1. 主动工况牵引时的操作

（1）将两张力轮预置张力调至最大，将预置牵引力调至最大，将工况选择开关置于主动（牵引）工况位置。

（2）调节尾架压力至10MPa左右（此压力的调节应使尾绳保持一定的张力，以使缠绕在张力轮上的线绳不打滑为宜）。

（3）按下总刹车按钮和相应的张力轮刹车按钮（牵1轮则为1轮，牵2轮则为2轮），使对应的张力轮刹车打开，刹车指示绿灯亮。

（4）操作牵引送线手柄置于牵引位置，进行牵引操作；停止牵引时，将牵引送线手柄置于中位，将该轮处于刹车位置，刹车指示红灯亮。

2. 主动工况送线时的操作

（1）将两张力轮预置张力调至最大，将工况选择开关置于张力位置，打开准备进行送线的张力轮对应的刹车。

（2）将该张力轮对应的张力慢慢调至最小，此时导地线或牵引绳的张力将逐步释放，释放完毕后需要继续送线时，将工况选择开关置于主动（送线）工况位，扳动牵引送线手柄至送线位置，即可开始送线。

（3）停止主动送线操作时，将牵引送线手柄扳到中位，将该轮处于刹车位置，刹车指示红灯亮。

2.7 手动润滑泵操作

手动润滑泵位于仪表箱旁边。它可实现在张力机工作中同时对各张力轮轴承和齿轮进行润滑，以保证张力轮的可靠工作。操作方法如下：先将手动润滑泵上的换向阀手柄拉出到极限位置，再扳动润滑泵，手柄前后运动可给张力轮轴承供应润滑脂；当压力表指示压力稳定上升时，表示润滑系统动作完毕。这时应朝相反方向推入换向阀手柄到极限位置，再扳动润滑泵手柄前后运动可给张力轮齿轮供应润滑脂。操作完成后，将润滑泵手柄扳至垂直位置。

2.8 牵张设备正确操作注意事项

1. 牵张机操作注意事项

（1）设备启动前，检查发动机机油、冷却液、液压油、燃油是否充足，不足则应添加相应油品，否则严禁使用。

（2）设备启动前，检查发动机、减速机、液压油泵、液压马达、牵引轮（张力轮）、风扇、各管接头连接螺栓及各销轴的固定有无松动，各受力部位是否有裂纹、脱焊等影响放线安全的情况。

（3）设备启动前，必须做好本机接地，检查接地滑车各连接部位是否紧固可靠，操作人员站在绝缘胶垫上操作设备。

（4）设备启动后，应怠速运行5～10min，检查各仪表、指示灯是否正常，制动器是否可靠，确认一切正常后方可开始工作。

（5）设备运行时，操纵手柄和调节压力要平稳，切忌用力过猛过快，避免野蛮操作。同时禁止进行注油和修理，当需要修理时，先将发动机熄火，并加以可靠的制动。

（6）设备严禁超过本机最大持续牵张力、最大间断牵张力、最大持续速度性能参数运行。

（7）设备停止运行，检查减速机、液压油泵、液压马达有无渗漏及过热的现象。

（8）张力机停机，不要立刻将发动机熄火，要怠速运转3～5min后熄火。不要使发动机长期运转在怠速状态，建议不超过15min。

（9）牵引机运行时，保持发动机转速在1600r/min以上，以保持较高的功率和防止液压油过热。根据牵引力情况同步调整发动机转速，保证发动机输出功率与负载匹配。

（10）牵引过程中，应不断观察各仪表指示是否正常；液压油温度不得超过80℃，尾架压力不得高于14MPa，补油压力不得低于2.5MPa。

（11）牵引机需要更换牵引或送线工况时，牵引轮必须在完全停止后方可改变转动方向。

（12）牵引机预调完成后，应将刹车按钮置于刹车打开位置，否则会导致液压系统冲击。

（13）放线过程中，要观察牵引轮上牵引绳是否出现跳槽现象，卷扬尾架收紧牵引绳是否正常，排线是否均匀。

（14）对牵引机各齿轮传动摩擦部位，每运行24h注油一次。尾架传动部位、排线丝杠每天使用前涂抹润滑脂。

2. 张力机操作注意事项

（1）张力工况时，发动机转速维持在1500r/min左右；牵引工况时，发动机转速维持在2200r/min左右，以保持较高的功率和防止液压油过热；根据牵张力情况同步调整发动机转速，保证发动机输出功率与负载匹配。

（2）张力机运行时，应观察发动机水温，不得超过95℃，液压油温度不得超过80℃，补油压力不得低于1.6MPa，不高于2.6MPa。

（3）张力机的尾架摆放与设备保持8～10m的安全距离，并保证导线盘上出线与主张力机的夹角不大于25°。

（4）张力放线时要特别注意：禁止大幅度的加减张力，以避免因为大幅度的加张减张力时牵引绳或导线的波动太大，从而砸坏跨越架或掉槽，对放线施工安全带来隐患；在放线过程中，张力机操作人员要注意设备各部位的运行情况。

2.9 牵张设备距第一基杆塔摆放距离计算方法

张力放线侧视图如图2-1所示。

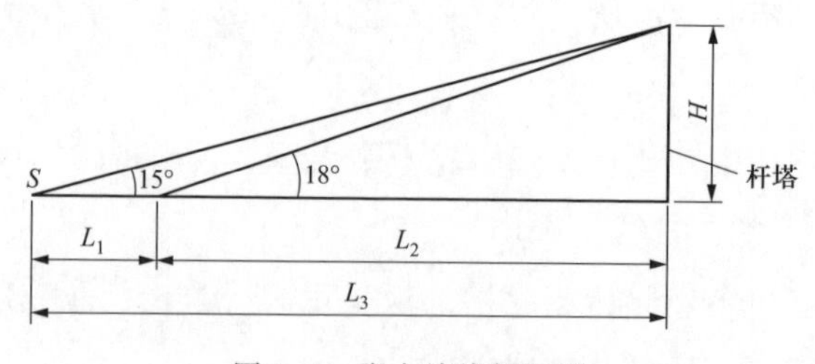

图2-1　张力放线侧视图

L_1-牵张机摆放区域；L_2-牵张机与第一基杆塔的最小距离；L_3-牵张机与第一基杆塔的最大距离；H-合成绝缘子下悬挂点的对地距离；S-牵张机前支腿支点

正切（tan）是指在直角三角形中对边与邻边的比值。在图2-1中，$\tan 15° = H/L_3$。

其中L_3由三角函数可知：$L_3=\dfrac{H}{\tan 15°}=3.73H$

故可知牵张机可摆放区域L1为［3H，3.73H］，牵张机最佳摆放位置为（3H+3.73H）/2 ≈ 3.4H。

例如，三塘湖－哈密750kV线路Ⅳ标段工程，从《杆塔明细表》中可知，A300铁塔下横担至地面高度为40m，合成绝缘子长度为7.5m，牵张机最佳摆放位置计算过程如下：合成绝缘子下悬挂点的对地距离H=40−7.5=32.5m，代入上述结论得到牵张机最佳摆放位置为3.4 × 32.5 = 110.5m。

本章计算过程用于证明两相直流输电线路中牵张机出线与第一基杆塔边线挂线点水平夹角对牵张机的摆放距离可以忽略不计。

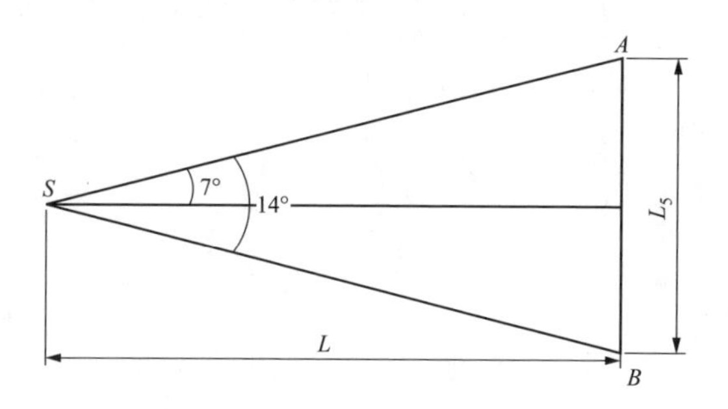

图2-2　张力放线俯视图

S–牵张机前支腿支点；A–左边相；B–右边相；L_5–相邻两相导线之间的距离；L–牵张机至第一基杆塔的距离

在图2-2中，通过三角函数可知牵张机至第一基杆塔的最小距离为：

$$L=\frac{L_5}{\tan 7°}=8.14L_5$$

通过实际杆塔数据验证，发现杆塔合成绝缘子下悬挂点至地面高度均大于导线相邻相线间距离的3倍，即$H \geqslant 3L_5$，故$L \leqslant 2.71H$。

综上，两相输电线路中牵张机可摆放区域为［3H，3.73H］。

本页计算过程用于证明三相导线线路中牵张机出线与第一基杆塔边线挂线点水平夹角对牵张机的摆放距离可以忽略不计。

在图2-3中，通过三角函数可知牵张机至第一基杆塔的最小距离为

$$L=\frac{L_4}{\tan 7°}=8.14L_4$$

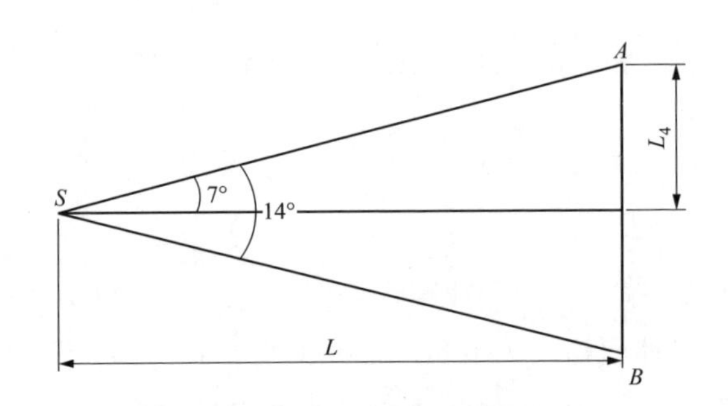

图 2-3　张力放线俯视图

S-牵张机前支腿支点；A-左边相；B-右边相；L_4-相邻两相导线之间的距离；L-牵张机至第一基杆塔的距离

通过实际杆塔数据验证，发现杆塔合成绝缘子下悬挂点至地面高度均大于导线相邻相线间距离的4倍，即$H \geqslant 4L_4$，故$L \leqslant 2.04H$。

综上，三相输电线路中牵张机可摆放区域为［$3H$，$3.73H$］。

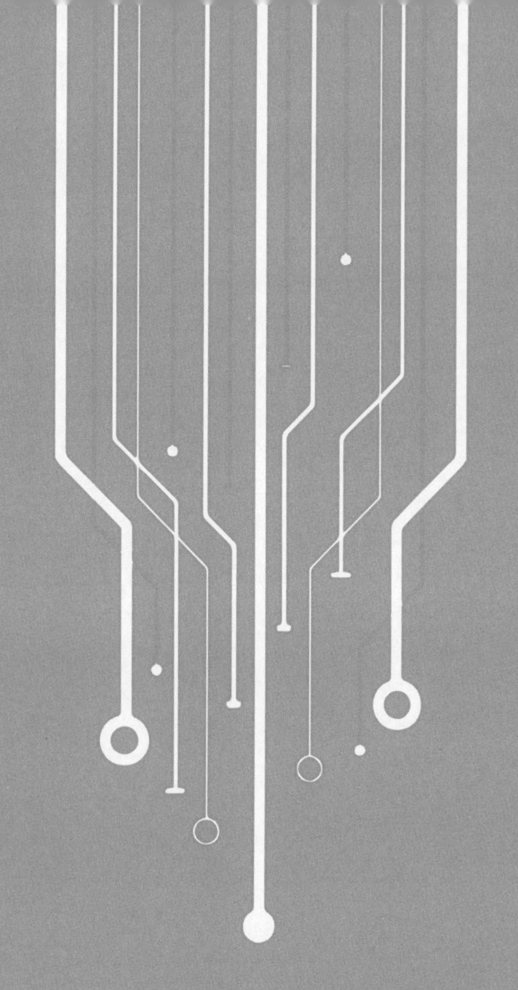

第3章

牵引机故障与维修

3.1 发动机起动困难

3.1.1 熄火电磁开关故障

1. 故障现象描述

启动钥匙拧到1档，操作盘仪表和指示灯显示正常，拧启动钥匙至启动档同时扳动启动辅助开关，启动机正常转动，发动机起动困难。

2. 检查过程及方法

（1）检查熄火电磁开关，根据各种型号的熄火电磁开关（见图3-1）动作过程判断是否正常；

（2）检查高压油泵回油管单向阀内部弹簧和滚珠，用嘴吹单向阀看是否漏气；

（3）冬季检查设备起动前是否使用进气道预热装置（设备选装，见图3-2）；

（4）经检查低压、高压柴油路无空气和堵塞，熄火电磁开关工作正常，发动机起动时需启动液辅助，起动后发动机运转正常。

3. 故障原因分析

（1）熄火电磁开关未吸合或卡滞；

（2）高压油泵回油管单向阀漏气泄压；

（3）设备起动前未使用进气道预热装置；

（4）高压柴油泵柱塞磨损。

4. 处理方法

（1）检查熄火电磁开关控制电路、调整熄火电磁开关推杆螺丝；

（2）更换高压油泵回油管单向阀；

（3）设备起动前，启动钥匙扳至预热档，待预热指示灯熄灭后，再起动发动机（设备选装），检查预热装置是否正常；

（4）喷启动液起动或更换高压柴油泵，故障处理完成后，起动发动机怠速运行5～10min，观察发动机运行状态是否正常。

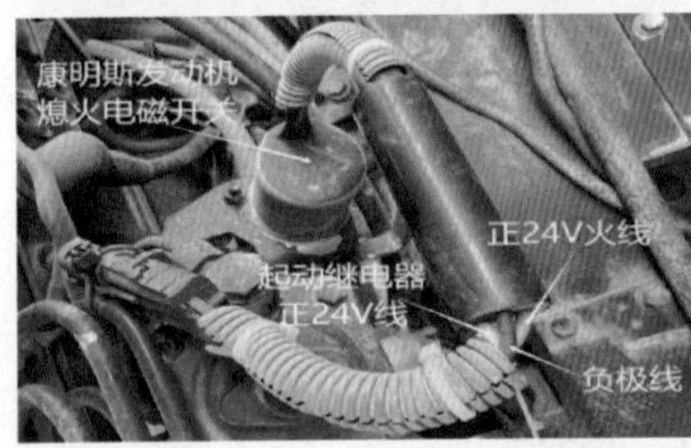

图3-1　熄火电磁开关

图3-2　进气预热装置

3.1.2 蓄电池故障

1. 故障现象描述

钥匙拧到1档，操作盘仪表和指示灯显示正常，拧钥匙至启动档同时扳动启动辅助开关，启动机无反应。

2. 检查过程及方法

（1）用万用表测量蓄电池电压不低于24V（天伯伦张力机不低于12V），启动瞬间蓄电池电压不低于17V（天伯伦张力机不低于10.5V），蓄电池见图3-3；

（2）检查蓄电池过桥线和电瓶卡子是否有氧化、虚接现象；

（3）检查蓄电池正、负极线径（国标35mm^{2}以上导线）是否达标；

（4）检查启动机接线是否有虚接或断线。

3. 故障原因分析

（1）蓄电池电量不足；

（2）蓄电池过桥线和电瓶卡子氧化、虚接；

（3）若启动时蓄电池电压正常，启动机端电压过低，则蓄电池正、负极线径不达标；

（4）启动机接线虚接或断线。

4. 处理方法

（1）蓄电池充电、更换蓄电池、并联蓄电池启动设备；

（2）清理氧化物，更换蓄电池过桥线和电瓶卡子；

（3）更换蓄电池正、负极接线；

（4）紧固启动机接线、查找断线处或另外接线。

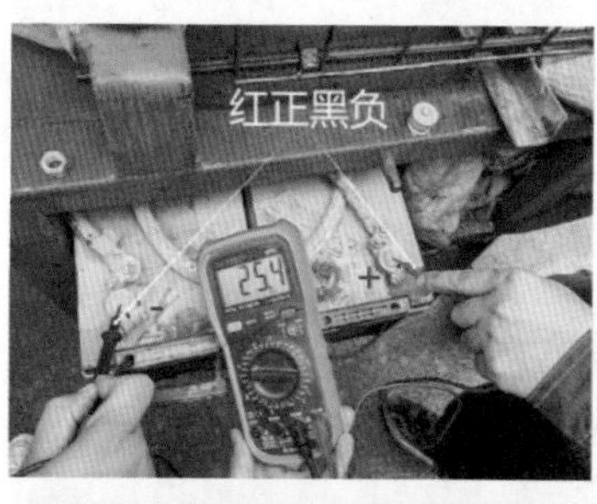

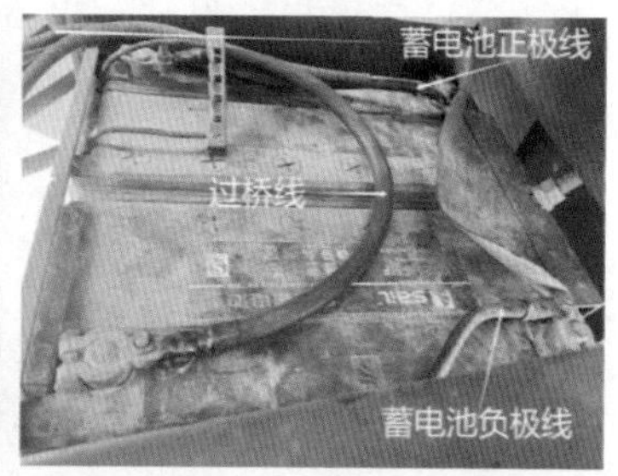

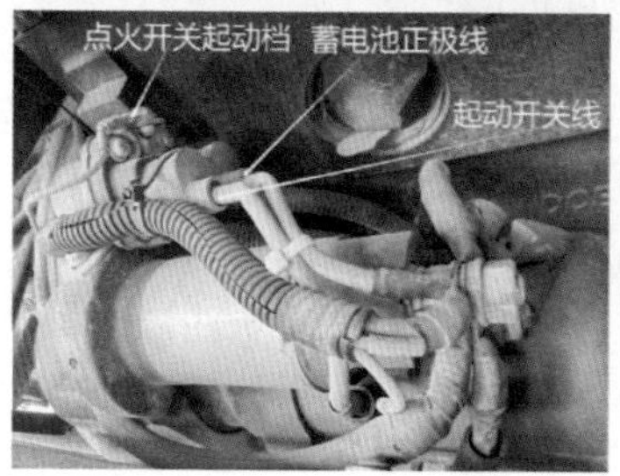

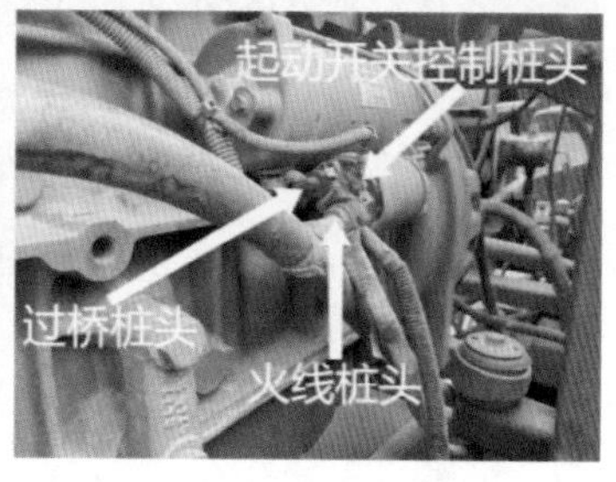

图3-3　蓄电池

3.1.3 启动机无反应

1. 故障现象描述

钥匙拧到1挡，操作盘仪表和指示灯显示正常，拧钥匙至启动档同时扳动启动辅助开关，启动机无反应，见图3–4。

2. 检查过程及方法

（1）首先扳动启动辅助开关，将万用表调至蜂鸣档，测量启动辅助开关的通断，然后钥匙拧到“启动档”，检查“启动辅助开关”输入、输出接线端是否有电；

（2）断电情况下扳动点火开关，用万用表测量点火开关各接线端通断；

（3）检查启动继电器接线是否虚接或断线；

（4）用万用表检查启动继电器线圈通断情况；

（5）短接启动机火线桩头与电磁开关桩头。

3. 故障原因分析

（1）启动辅助开关损坏；

（2）点火开关损坏。

（3）启动继电器接线虚接、断线；

（4）启动继电器线圈损坏；

（5）如无动作，则启动机电磁开关损坏。

4. 处理方法

（1）更换启动辅助开关或启动时短接启动辅助开关接线端；

（2）更换点火开关或短接点火开关启动端和电源接线端启动设备；

（3）紧固启动继电器接线、查找电路断线处或另外接线；

（4）更换启动继电器或将点火开关启动线直接接到启动机电磁开关线圈桩头；

（5）更换启动机电磁开关或将启动机电磁开关拆掉，将拨叉拉出后，短接启动机火线桩头和过桥桩头。

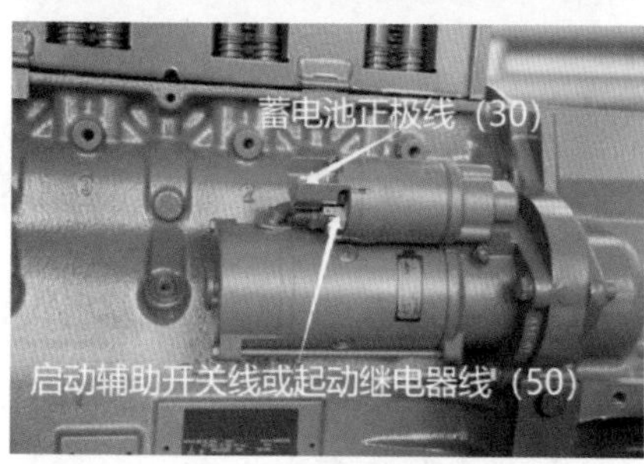

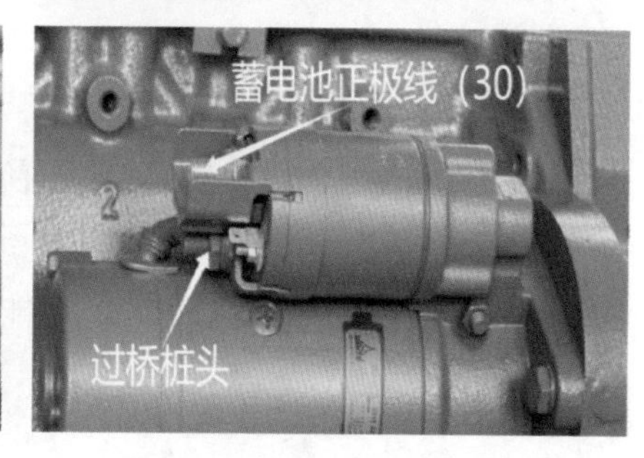

图3-4　启动机无反应

3.2 启动机故障

3.2.1 启动机转动无力

1．故障现象描述

设备启动时，启动机转动无力，见图3-5。

2. 检查过程及方法

（1）用万用表检查启动机转子线圈和定子线圈；

（2）检查启动机前、后铜套和中间定位铜套的磨损情况，若三个铜套为轴承，检查轴承润滑情况。

3. 故障原因分析

（1）定子线圈或转子线圈搭铁短路；

（2）铜套存在磨损情况或轴承缺润滑油。

4. 处理方法

（1）查找定子线圈短路位置，用帆布胶布包扎。转子线圈硒钢片错位修复方法：用24V蓄电池正极接触转子换向器平面，负极触碰硒钢片，用大电流把短路处烧开。

（2）更换磨损的铜套或加注轴承润滑油。

图3-5　启动机转动无力

3.2.2 启动机打齿或空转

1. 故障现象描述

设备启动时，启动机打齿或空转，见图3-6。

2. 检查过程及方法

（1）检查启动机单向齿轮有无断齿现象；

（2）检查飞轮齿有无断齿现象；

（3）检查启动机拨叉有无变形；

（4）检查启动机单向齿轮有无打滑现象（启动机空转，发动机不转且无打齿现象）。

3. 故障原因分析

（1）单向齿轮严重磨损；

（2）飞轮齿严重磨损；

（3）启动机拨叉变形；

（4）启动机单向齿轮打滑。

4. 处理方法

（1）修复或更换发动机启动机单向齿；

（2）更换飞轮齿圈；

（3）校正启动机拨叉；

（4）更换单向齿轮或将单向齿轮与单向离合器焊死（此方法仅适用于现场临时应急，不可长时间使用）。

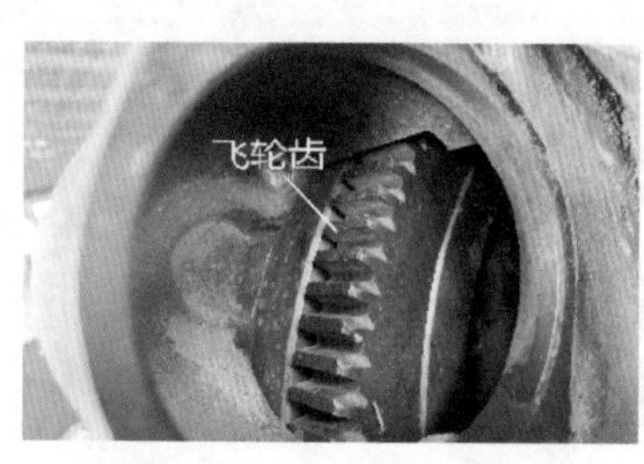

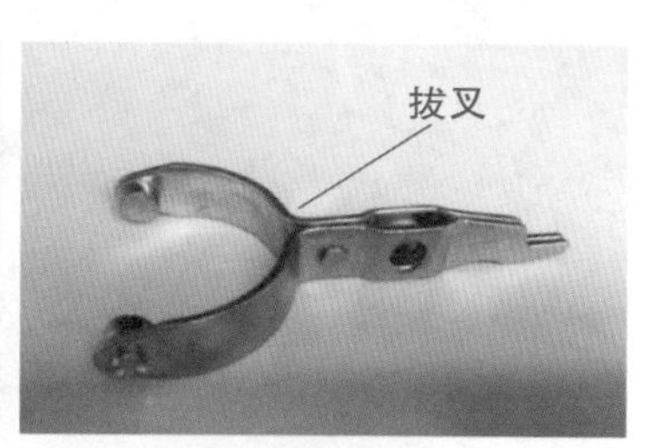

图3-6　启动机打齿或空转

3.2.3 启动机有异响

1. 故障现象描述

设备启动后，启动机有异响，见图3–7。

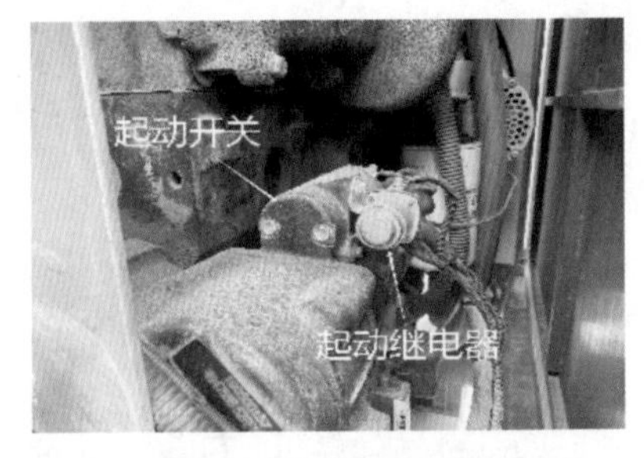

图3–7　启动机有异响

2. 检查过程及方法

检查启动继电器触点、启动机电磁开关触点是否粘连，点火开关启动档是否回位。

3. 故障原因分析

启动继电器触点粘连、启动机电磁开关触点粘连或点火开关处于启动档未回位。启动机单向齿与飞轮齿未脱开（单向齿未回位会随着发动机飞轮转动产生异响）。

4. 处理方法

维修或更换启动继电器、启动机电磁开关、点火开关。

3.3 发电机故障

3.3.1 发电机不发电

1. 故障现象描述

发电机不发电（充电指示灯常亮），见图3–8。

2. 检查过程及方法

（1）检查发电机各接线端是否紧固，有无断开、虚接部分；

（2）起动发动机，拉高发动机转速观察充电指示灯是否常亮；

（3）拆解发电机，检查碳刷磨损情况，观察碳刷与换向器是否紧密接触。

3. 故障原因分析

（1）线路断开、虚接，发电机接线端松动；

（2）充电指示灯常亮则为调节器故障或转子线圈断路；

（3）碳刷磨损严重，导致碳刷与换向器接触不良。

4. 处理方法

（1）更换老化线路，紧固接线端；

（2）更换调节器或转子线圈；

（3）更换碳刷。

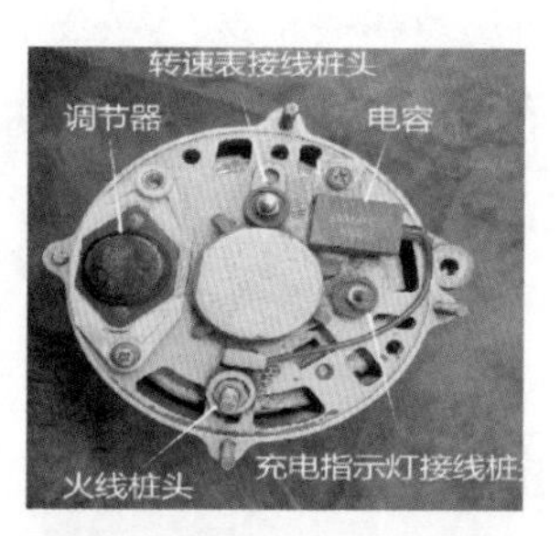

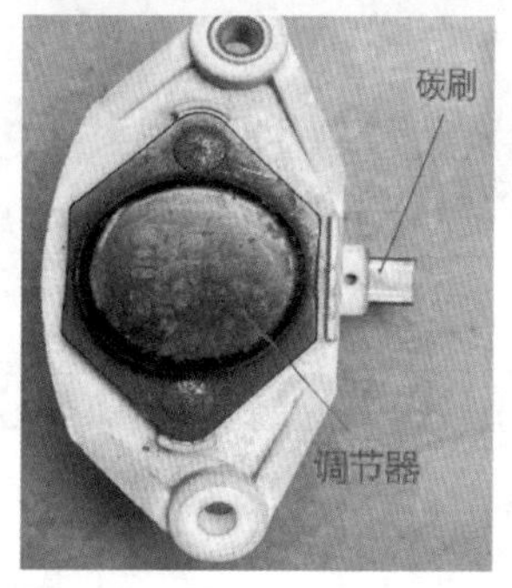

图3-8　发电机不发电

3.3.2 发电机发电量不足

1. 故障现象描述

发电机发电量不足（电压表显示低于26V/14V）。

2. 检查过程及方法

（1）检查发电机皮带是否松弛；

（2）将万用表调至蜂鸣档分别测量发电机三相绕组线圈是否断路或相间短路；

（3）用万用表测量整流板二级管通断；

（4）检查定子和转子是否扫膛。

发电机各部件见图3-9。

3. 故障原因分析

（1）发电机皮带松弛；

（2）1或2组定子线圈断路或相间短路；

（3）整流板二极管损坏；

（4）发电机内部轴承损坏。

4. 处理方法

（1）调整或更换发电机皮带；

（2）更换定子线圈；

（3）更换整流器组件；

（4）更换损坏的轴承。

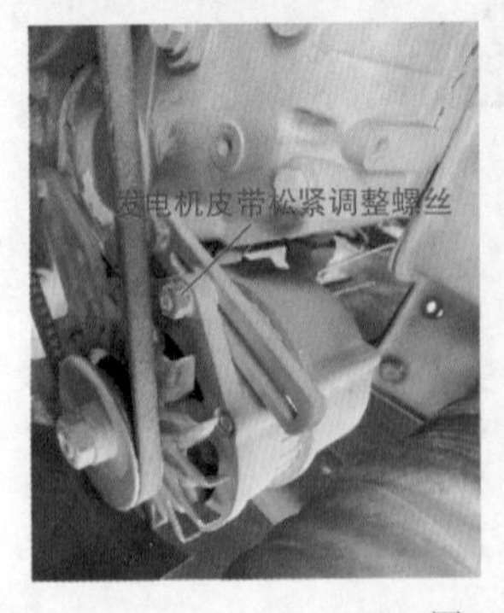

图3-9　发电机各部件

3.4 发动机运行故障

3.4.1 发动机运行时噪声大

1. 故障现象描述

发动机运行时噪声大。

2. 检查过程及方法

（1）检查消音器（见图3-10）有无裂纹、破损，消音器固定螺丝是否松动；

图3-10 消音器

（2）检查消音器护罩是否松动。

3. 故障原因分析

（1）消音器破损或消音器固定螺丝松动；

（2）消音器护罩松动。

4. 处理方法

（1）焊接或更换消音器、紧固消音器固定螺丝；

（2）紧固消音器护罩。

3.4.2 发动机排气管喷机油

1. 故障现象描述

发动机排气管喷机油。

2. 检查过程及方法

（1）打开涡轮增压器连接进气道的管路和排气道的管路查看内部是否有机油；

（2）检查气门杆、气门导管、气门油封；

（3）查看活塞环油环是否断裂或对口。

3. 故障原因分析

（1）机油长时间未更换、机油压力过低造成涡轮增压器磨损；

（2）气门杆与导管磨损严重、气门油封损坏；

（3）活塞环油环断裂或对口。

4. 处理方法

（1）更换涡轮增压器（见图3-11）和机油；

（2）更换气门杆、气门导管、气门油封；

（3）更换活塞环。

图3-11　涡轮增压器

3.4.3 发动机机油液面过高或缓慢增长

1. 故障现象描述

发动机机油液面过高或缓慢增长。

2. 检查过程及方法

手蘸起机油闸，判断进入油底壳的油品是柴油还是液压油，或是冷却液。

3. 故障原因分析

（1）喷油嘴卡滞，液状柴油从气缸内进入机油油底壳；

（2）高压油泵柱塞密封垫损坏，柴油通过高压油泵与发动机连接部位进入油底壳；

（3）风扇泵轴头油封损坏，液压油通过风扇泵与发动机连接处进入油底壳；

（4）水冷发动机气缸缸套阻水圈损坏，冷却液从气缸内进入机油油底壳。

4. 处理方法

（1）更换喷油嘴，更换机油；

（2）更换高压油泵密封垫，更换机油；

（3）更换风扇泵轴头油封，更换机油；

（4）更换气缸缸套阻水圈，更换机油及机油滤芯。各部件见图3–12。

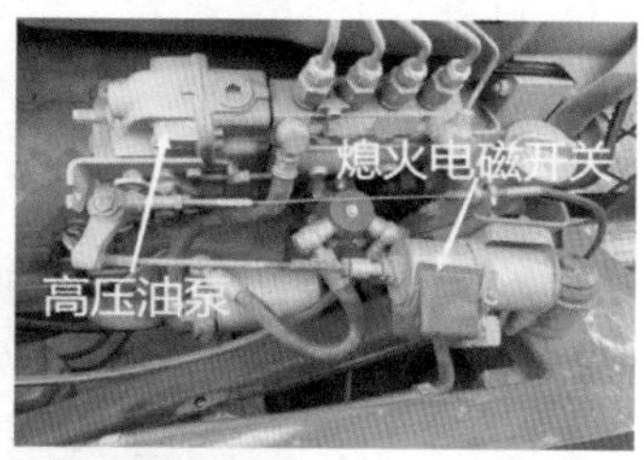

图3–12　风扇泵、高压油泵和喷油嘴

3.4.4 发动机排气管喷柴油

1. 故障现象描述

发动机排气管喷柴油。

2. 检查过程及方法

（1）断开进气道火焰预热器进油管，启动设备后观察排气管是否一直有柴油流出；

（2）松开喷油器进油管，拔出喷油器，连接喷油管，启动设备观察其喷油状态，逐缸进行检查；

（3）检查气门，见图3-13。

3. 故障原因分析

（1）进气道火焰预热器电磁阀故障；

（2）喷油器喷油不雾化，柴油进入气缸不能燃烧，随废气从排气门排出；

（3）排气门关闭不严，导致排气门一直处于开启状态。

4. 处理方法

（1）更换进气道火焰预热器电磁阀或拆除进气道火焰预热器进油管；

（2）更换喷油器；

（3）调整气门间隙至规定值。

图3-13　喷油嘴、气门间隙和油气分离器

3.4.5 发动机飞车

1. 故障现象描述

发动机飞车（发动机转速失控，达到最大转速）。

2. 检查过程及方法

无论哪种情况引起的飞车，都应迅速切断油路，迫使发动机停车。检查油门调速器是否卡滞。

3. 故障原因分析

拉杆与调速器活动部位卡滞，导致一直处于最大供油量。

4. 处理方法

如发生飞车迅速断开吸油管路，切断发动机油路（见图3-14），发动机停机后拆下油门调速器维修。

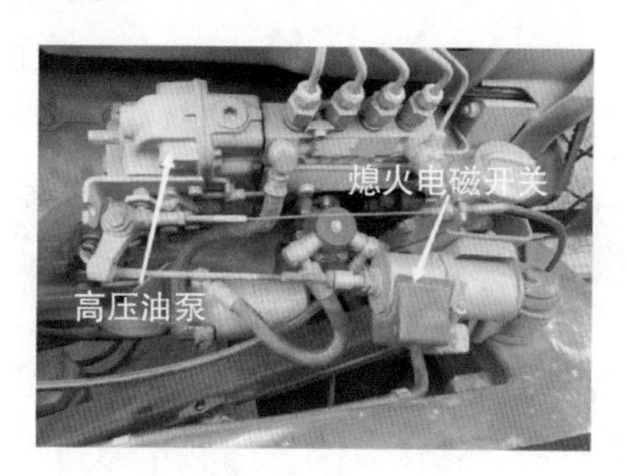

图3-14　发动机油路

3.4.6 发动机排气管尾气颜色异常

1. 故障现象描述

发动机排气管尾气颜色异常。

2. 检查过程及方法

（1）检查涡轮增压器、气门油封、活塞环油环；

（2）检查油水分离器或柴油箱内是否有水，检查排气门间隙，查看供油提前角；

（3）检查喷油器雾化情况、高压油泵供油量、启动加浓电磁阀、气门情况、供油提前角、活塞气环、空气滤芯（见图3–15）。

3．故障原因分析

（1）涡轮增压器损坏、气门油封损坏、活塞油环损坏导致烧机油冒蓝烟；

（2）油水分离器或柴油箱内有水，排气门间隙过小或供油提前角延迟导致冒白烟；

（3）喷油嘴雾化不良、高压油泵供油量过高、启动加浓电磁阀一直处于打开状态，导致供油量过高、气门口封闭不严、供油提前过早，燃油燃烧不充分，冒黑烟；活塞两道气环与缸筒磨损严重造成间隙太大、空气滤芯太脏、进气量不足，均导致冒黑烟。

4．处理方法

（1）更换涡轮增压器、气门油封、活塞环油环；

（2）将油水分离器内水排出、清洗燃油箱，调整排气门间隙和供油提前角；

（3）更换喷油器、调整高压油泵供油量、维修启动加浓电磁阀、更换气门密封圈、调整供油提前角、更换活塞气环并修复缸筒、清洁或更换空气滤芯。

图3–15　空气滤芯

3.4.7 发动机工作无力一

1．故障现象描述

发动机工作无力。

2．检查过程及方法

（1）检查空气滤清器有无灰尘、是否进水，进气管道有无堵塞；

（2）检查燃油系统连接件有无松动，进油管路有无破裂；

（3）检查涡轮增压器叶轮是否有扫镗，叶片是否损坏，风冷管卡子或风冷管是否有漏气，中冷箱是否有破裂；

（4）检查涡轮增压器压气侧（发动机进气侧）至发动机进气歧管接头有无松动、漏气；

（5）带有中冷器的发动机，检查中冷器各管接头是否紧固。

3．故障原因分析

（1）空气滤清器堵塞或进水；

（2）燃油输油管路漏气；

（3）增压器叶轮扫镗、叶片损坏；风冷管卡子松动、风冷管破损、中冷箱破裂；

（4）涡轮增压器压气侧（发动机进气侧）漏气；

（5）中冷器管接头松动。

4．处理方法

（1）使用压缩空气清洁空气滤清器并清理进气管道尘土，更换空气滤芯。

（2）对松动部位进行紧固，更换破裂油管；

（3）紧固管卡或更换软管、中冷箱、增压器；

（4）紧固涡轮增压器压气侧（进气侧）管接头；

（5）紧固中冷器各管接头，见图3–16。

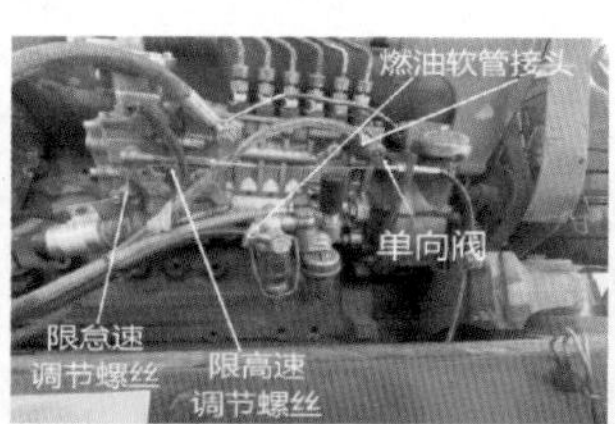

图3–16　空气滤清器、软管接头、涡轮增压器叶片与管接头和发电机风罩

3.4.8 发动机工作无力二

1. 故障现象描述

发动机工作无力。

2. 检查过程及方法

（1）检查排气道垫是否漏气；

（2）观察油气分离器废气管排出气体的大小；

（3）使用扳手松开喷油器，取出喷油嘴连接高压油管，起动设备查看喷油嘴雾化情况；

（4）听配气机构是否有异响；

（5）测缸压（使用测压表），检查供油提前角是否正确。

3. 故障原因分析

（1）排气道垫损坏；

（2）活塞环与缸套磨损过大；

（3）喷油嘴雾化不良；

（4）气门封闭不严，过度磨损或破损；

（5）气门间隙调整不当，供油提前角不正确。

4. 处理方法

（1）更换排气道垫；

（2）更换活塞环与缸套；

（3）校正或更换喷油嘴；

（4）更换气门（研磨后安装）；

（5）调整气门间隙，根据发动机型号调整供油提前角度，见图3–17。

3.4.9 发动机运行高温

1. 故障现象描述

发动机运行高温。

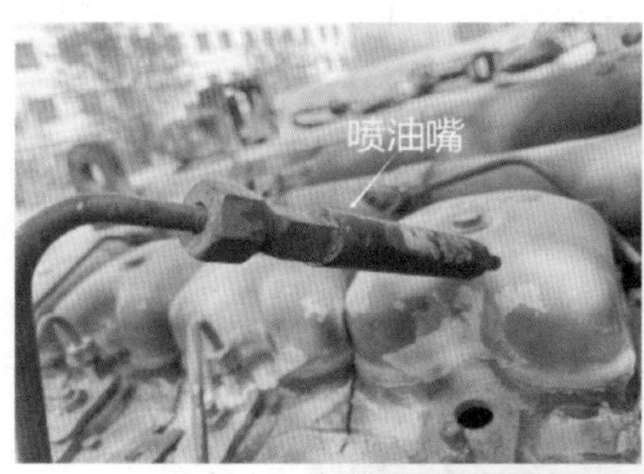

图3-17　喷油嘴和气门间隙

2. 检查过程及方法

（1）检查风扇导流罩（风圈）是否变形、损坏、漏气。

（2）一般康明斯发动机为皮带带动风扇、水泵，检查皮带是否拉长影响水泵和风扇转速；道依茨发动机分为皮带传动和齿轮传动，检查皮带是否拉长影响风扇转速。

（3）检查风扇叶片是否完好、风扇和风圈的配合间隙是否正确。

（4）查看冷却液是否充足。

3. 故障原因分析

（1）风扇导流罩（风圈）变形、损坏。

（2）康明斯发动机皮带松弛导致水泵、风扇转速降低；道依茨发动机皮带松弛导致风扇转速降低。

（3）风扇叶片损坏、风扇和风圈配合间隙不当。

（4）冷却液不足。

4. 处理方法

（1）校正或更换风扇导流罩（风圈）。

（2）更换风扇皮带或调整皮带的张紧度。

（3）更换风扇叶片，风扇叶片与风圈间隙10 ~ 15mm。

（4）补充防冻液（设备使用期间高温情况下严禁加防冻液，待发动机温度降为40℃时，方能打开水箱盖，应急情况下加水后在使用过后立即清洗水箱、更换防冻液），见图3-18。

图3-18　发动机风罩、风扇叶片、缸温传感器及冷却液加注口

3.4.10 发动机转速不稳或熄火

1. 故障现象描述

牵引力增大时发动机转速不稳或熄火。

2. 检查过程及方法

（1）检查低压和高压油路是否进空气；

（2）检查柴油滤芯或手油泵滤网有无堵塞；

（3）检查燃油输油管（进油管）内径是否达到要求；

（4）检查增压器及增压器管路有无漏气；

（5）检查气门间隙；

（6）检查高压油泵喷油嘴。

3. 故障原因分析

（1）低压和高压油路进空气；

（2）柴油滤芯或输油泵滤网堵塞；

（3）燃油输油管（进油管）内径过小，输油量不足；

（4）增压器叶片损坏，管路有漏气；

（5）气门间隙过大或过小；

（6）高压油泵供油量不足或喷油嘴雾化不良。

4．处理方法

（1）紧固燃油管卡子；

（2）更换柴油滤芯或清洗手油泵滤网；

（3）更换燃油输油管（进油管）；

（4）更换增压器、紧固漏气管路卡子；

（5）调整气门间隙；

（6）由专业部门或人员调整高压油泵、更换喷油嘴，见图3-19。

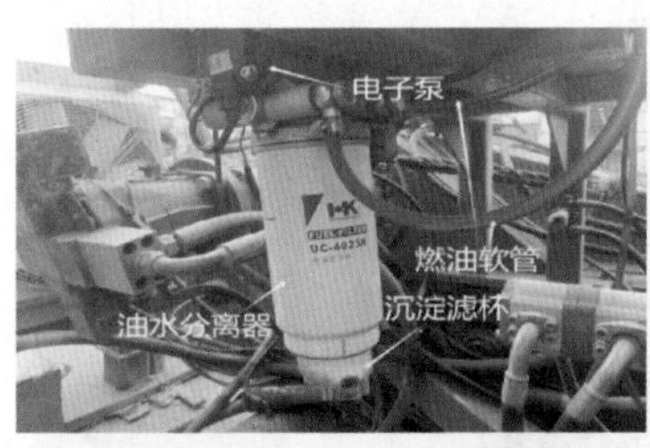

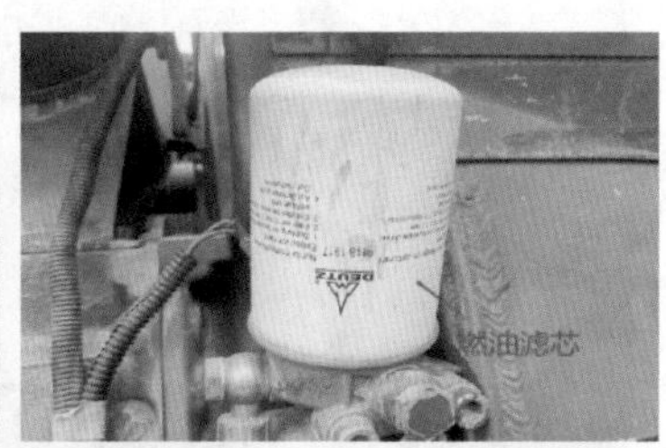

图3-19　电子泵、油水分离器、燃油滤芯和涡轮增压器管接头

3.4.11 发动机运行时抖动严重

1．故障现象描述

发动机运行时抖动严重。

2．检查过程及方法

（1）检查发动机脚垫有无变形破损，安装螺丝有无松动；

（2）检查发动机怠速是否过低；

（3）起动发动机，逐个松开喷油器进油管，听发动机声音有无变化，检查发动机各个缸是否正常工作；

（4）检查风扇叶片或风扇叶片中间减震胶垫。

3. 故障原因分析

（1）发动机脚垫破损，安装螺丝松动；

（2）发动机怠速过低；

（3）某个缸工作不正常；

（4）叶片断裂或减震胶垫磨损。

4. 处理方法

（1）更换新的发动机脚垫，紧固安装螺丝；

（2）调节行程螺丝使发动机怠速处于合适位置或调节发动机转速至合适位置；

（3）更换或校正喷油嘴，调节气门，同时检查发动机油路；

（4）更换风扇叶片或减震胶垫，见图3-20。

图3-20　发动机脚垫、怠速调节器、喷油嘴、燃油输油管和风扇叶片

3.4.12 发动机运行时高温

1. 故障现象描述

发动机运行高温。

2. 检查过程及方法

（1）在冷却液充足的情况下，通过仪表指示或用测温枪检测散热器温度或用手触摸上下室水管温度，如果能放3s为正常，如不到3s则可以此判断发动机高温。如下水室管冰凉、上水室管高温、水温表显示高温则表示节温器故障。

（2）设备是否长时间超负荷运行。

（3）检查水箱外观、水箱散热片是否有脏东西堵塞。

（4）冷机打开水箱盖，查看水箱内冷却液是否有翻水情况（查看冷却液循环情况）。

3. 故障原因分析

（1）节温器故障；

（2）设备长时间大负荷运行，导致设备高温；

（3）水箱散热器堵塞；

（4）水箱内无冷却液循环，则水泵损坏。

4. 处理方法

（1）更换节温器。

（2）降低设备运行负荷；

（3）清洗水箱散热器；

（4）更换水泵，见图3–21。

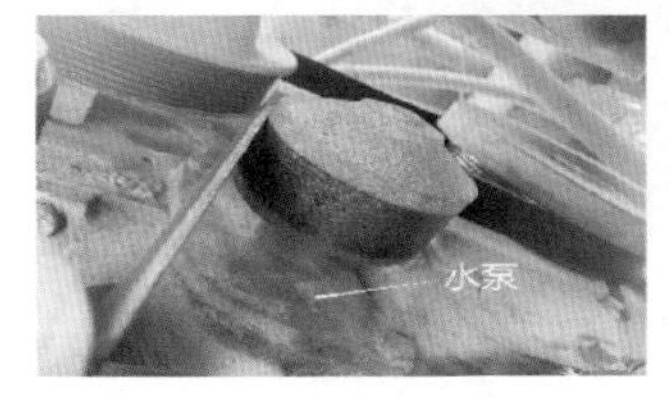

图3–21 节温器、机油散热器、水泵及其皮带轮和叶轮

3.5 仪表指示灯故障、仪表显示不正常

3.5.1 操作盘不得电

1. 故障现象描述

钥匙拧到1档，操作盘不得电。

2. 检查过程及方法

（1）使用万用表测量蓄电池电压，不低于24V；

（2）检查电源开关或接线是否牢固；

（3）蓄电池正负极接线、过桥线有无虚接；

（4）检查仪表和指示灯线路的保险或空气开关是否断开；

（5）检查点火开关电源接线是否有电，钥匙拧到1档测量输出端是否有电。

3. 故障原因分析

（1）蓄电池电量不足；

（2）电源开关接线虚接；

（3）蓄电池正负极接线、过桥线虚接；

（4）仪表和指示灯线路的保险或空气开关断开；

（5）点火开关损坏。

4. 处理方法

（1）蓄电池充电、更换蓄电池、并联蓄电池启动设备；

（2）紧固电源开关接线或更换、短接电源开关；

（3）紧固蓄电池过桥线或正负极线；

（4）更换仪表和指示灯线路的保险或闭合空气开关；

（5）更换点火开关或短接（短接方法：短接火线和操作盘供电端），见图3-22。

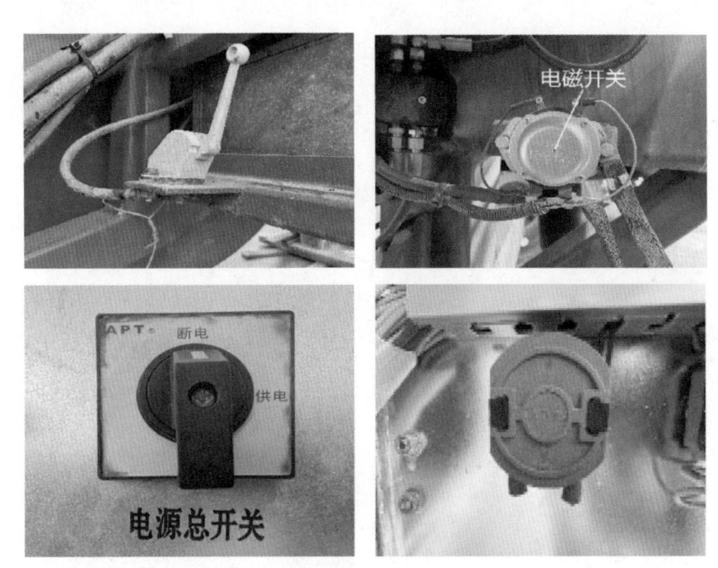

图3-22　蓄电池

3.5.2 仪表指示灯故障、仪表显示不正常

1. 故障现象描述

钥匙拧至1档，主泵滤油器灯亮、辅泵滤油器灯亮、风扇泵滤油器灯亮、回油滤油器灯亮；空气滤清器报警灯亮。仪表指示灯见图3-23。

2. 检查过程及方法

（1）检查液压油滤芯底座传感器或报警灯线路是否短路，查看滤油器滤芯指示表指针是否指向红区，判断滤芯是否堵塞；

（2）检查空气滤清器传感器或线路是否短路，空气滤清器是否堵塞。

3. 故障原因分析

（1）滤芯传感器故障或报警灯线路短路，滤油器滤芯指示表指示不正常、滤芯堵塞；

（2）空气滤清器传感器故障或线路短路，空气滤清器堵塞。

4. 处理方法

（1）更换液压油滤芯传感器，查找线路短路处，更换相应滤清器滤芯；

（2）更换空气滤清器传感器，查找线路短路处，更换空气滤清器。

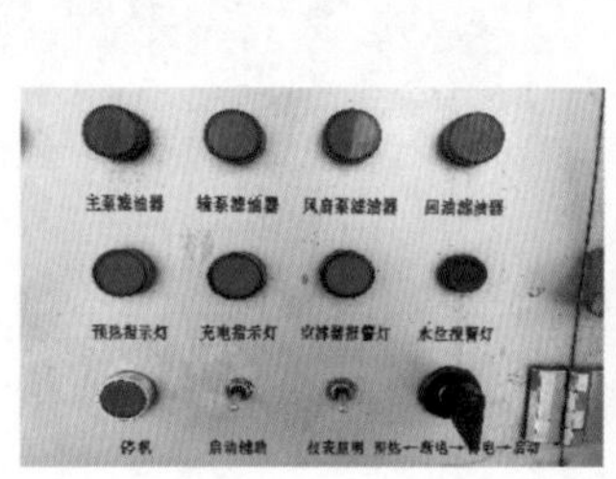

图3-23 仪表指示灯

3.5.3 仪表指示灯故障、仪表显示不正常

1. 故障现象描述

钥匙拧至1档，过滤器堵塞报警灯亮。

2. 检查过程及方法

查看压差发信器前端指示芯棒是否弹出，如芯棒弹出检查滤芯是否堵塞；检查压差发信器（液压油滤指示灯报警器）微动开关触点是否卡住。

3. 故障原因分析

液压油滤芯堵塞或压差发信器微动开关卡住。

4. 处理方法

更换滤芯或维修压差发信器，见图3-24。

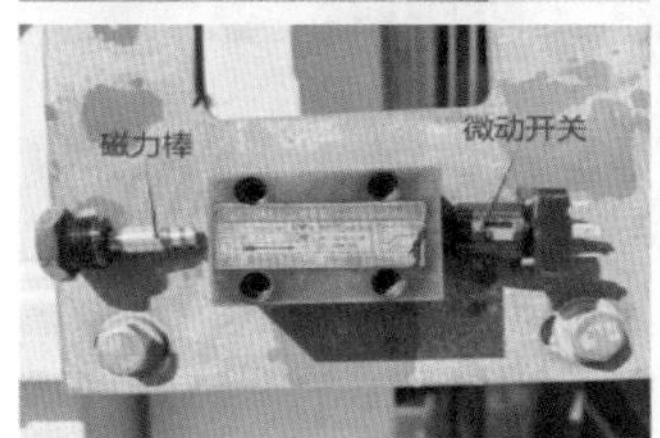

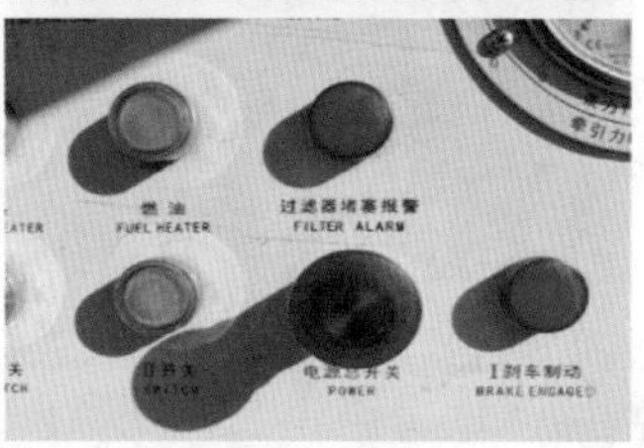

图3-24　微动开关、滤芯堵塞报警指示芯棒等

3.5.4 仪表指示灯故障、仪表显示不正常

1. 故障现象描述

仪表有电，机油压力表打到最大或无动作。

2. 检查过程及方法

（1）检查传感器接头、压力表接线是否虚接或掉线；

（2）检查机油压力表或传感器是否正常；

（3）检查机油压力传感器接线是否插反。

3. 故障原因分析

（1）机油传感器接头、压力表接线虚接或掉线；

（2）机油压力表或传感器损坏；

（3）机油压力传感器接线插反。

4. 处理方法

（1）将机油压力传感器、压力表接头拔下，重新插入；

（2）更换机油压力表或传感器；

（3）调整机油压力传感器接线。

机油温度与压力传感器、机油温度表、仪表和指示灯接线桩、仪表照明灯见图3-25。

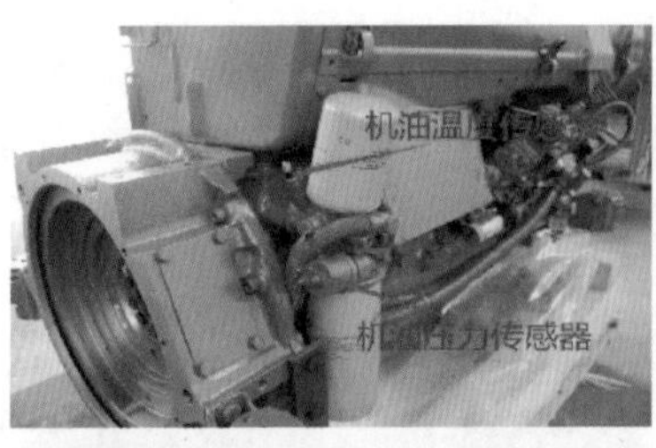

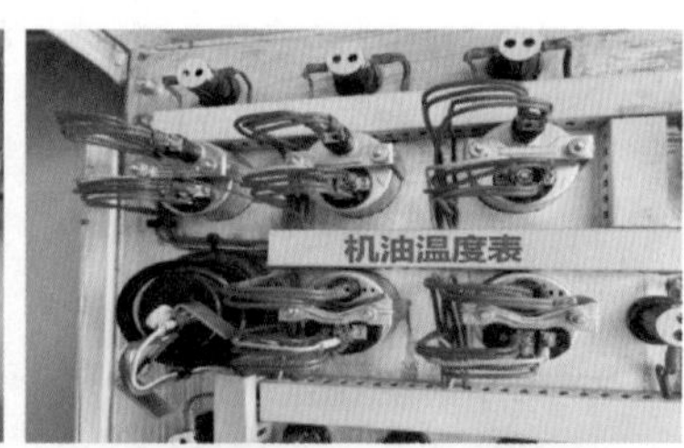

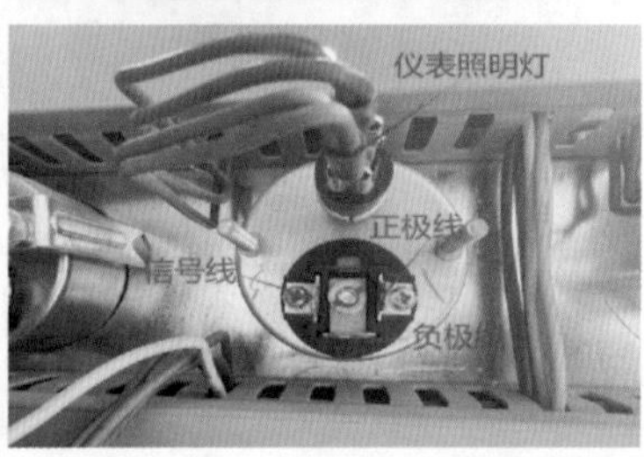

图3-25 机油温度与压力传感器、机油温度表、仪表和指示灯接线桩、仪表照明灯

3.5.5 仪表指示灯故障、仪表显示不正常

1. 故障现象描述

仪表有电，机油温度表、液压油温度表、水温表无动作。

2. 检查过程及方法

（1）检查温度表、传感器接线是否虚接或掉线；

（2）检查温度表，正负极短接后查看指针是否动作；

（3）检查温度传感器接线是否插反。

3. 故障原因分析

（1）温度表、传感器接头接线虚接或掉线；

（2）如无动作，温度表损坏；如有动作，温度传感器损坏；

（3）温度传感器接线反接。

4. 处理方法

（1）将温度表、传感器接头拔下，重新插入；

（2）更换温度表或传感器；

（3）调整温度传感器接线。

各类接线桩及液压油温控传感器、液压油温度传感器见图3-26。

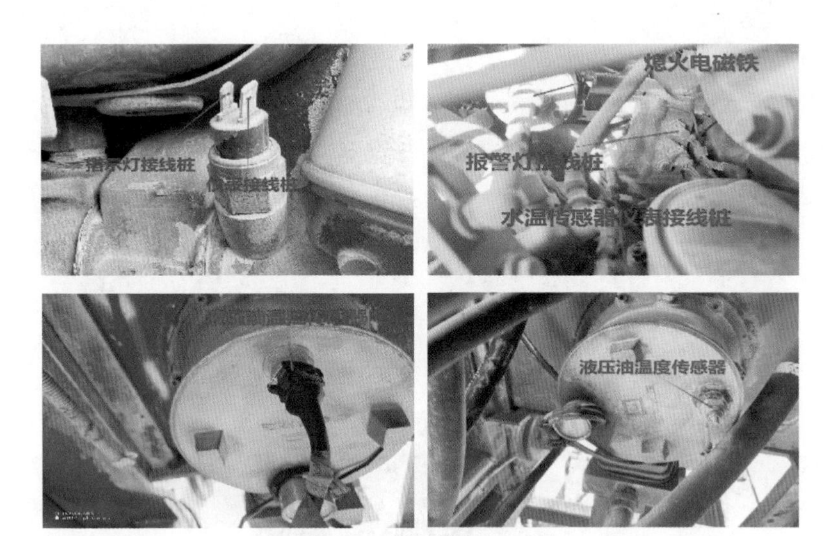

图3-26　各类接线桩及液压油温控传感器、液压油温度传感器

3.5.6 仪表指示灯故障、仪表显示不正常

1. 故障现象描述

仪表有电，柴油油量表无动作。

2. 检查过程及方法

（1）检查柴油油位表、油箱油位传感器接线是否虚接或掉线。

（2）检查柴油表，正负极短接查看指针是否动作。

（3）检查油箱油位传感器电阻丝是否断路。

（4）检查油箱油位传感器与柴油油位表是否匹配。

3. 故障原因分析

（1）柴油油位表、油箱油位传感器接线虚接或掉线；

（2）如无动作，柴油油位表损坏；如有动作，油位传感器损坏；

（3）油箱油位传感器电阻丝断线；

（4）油箱油位传感器与柴油油位表不匹配。

4. 处理方法

（1）紧固柴油油位表、油箱油位传感器接线；

（2）更换柴油油位表或油箱油位传感器；

（3）更换油箱油位传感器；

（4）更换匹配的油箱油位传感器或柴油油位表。

滑动变阻器、正负极线、仪表照明灯见图3-27。

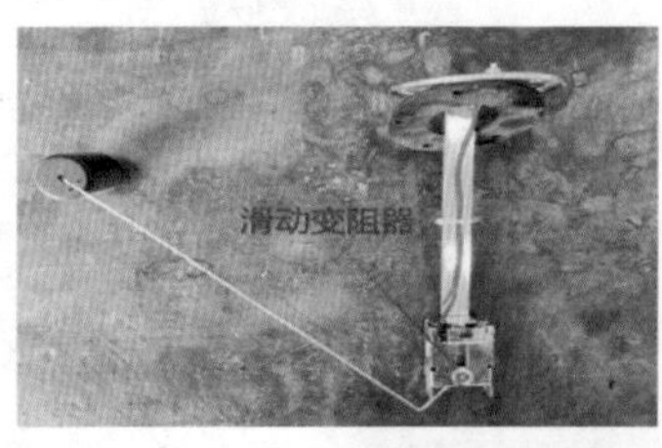

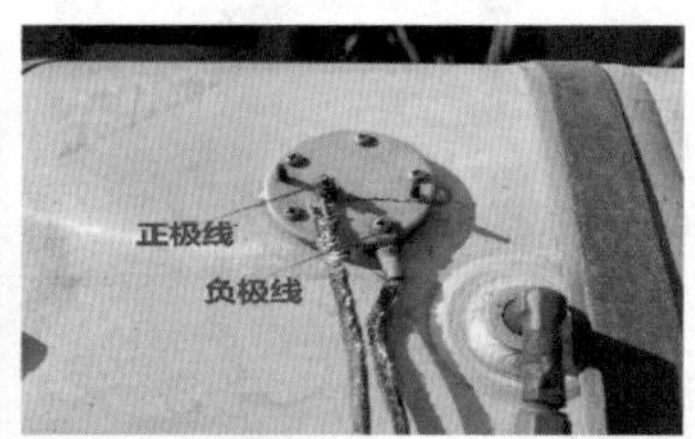

图3-27　滑动变阻器、正负极线、仪表照明灯

3.6 液压系统故障

3.6.1 牵引力不足

1. 故障现象描述

设备液压油温度高导致牵引工况下牵引力不足。

2. 检查过程及方法

（1）若操作面板液压油滤芯报警灯亮，检查吸油滤芯表，观察滤芯表指针位置是否在绿区；

（2）检查液压油标号（颜色和黏稠度：8号液力传动液、排挡液为红色；46号抗磨液压油为无色或金黄色）；

（3）查看主泵调压阀是否正常；

（4）补油压力正常情况下查看牵引力表（设备刹车状态牵引查看回卷牵引力能否达到最大值）压力是否正常，如牵引力不能达到最大值，主泵温度升温快，则判定为主泵存在磨损。

3．故障原因分析

（1）滤芯堵塞；

（2）液压油标号不同升温情况不同；

（3）主泵调压阀故障，主泵压力达不到；

（4）牵引力达不到最大压力、流量则为主泵磨损，通常情况为泵胆、柱塞磨损、配流盘磨损造成液压油升温快、温度高以及压力不足的现象。

4．处理方法

（1）更换滤芯或清洁滤芯后应急使用；

（2）参照使用说明书，更换适合本机型的液压油或统一更换46号抗磨液压油；

（3）重新调整主泵调压阀；

（4）内部结构有磨损则需要更换相应的配件，见图3-28。

图3-28　液压系统配件

3.6.2 牵引力不稳

1. 故障现象描述

牵引力表不稳，减速机液压马达回油管跳动幅度大。

2. 检查过程及方法

（1）检查液压油箱内液压油是否充足；

（2）判断减速机液压马达是否高温，转动时是否有异响。

3. 故障原因分析

（1）液压油管路内有空气或液压油不足；

（2）如高温且有异响，则液压马达内部存在机械部件磨损；

4. 处理方法

（1）补充相同型号液压油至液压油观察孔最低刻度线以上；

（2）拆解液压马达，更换磨损部件，见图3-29。

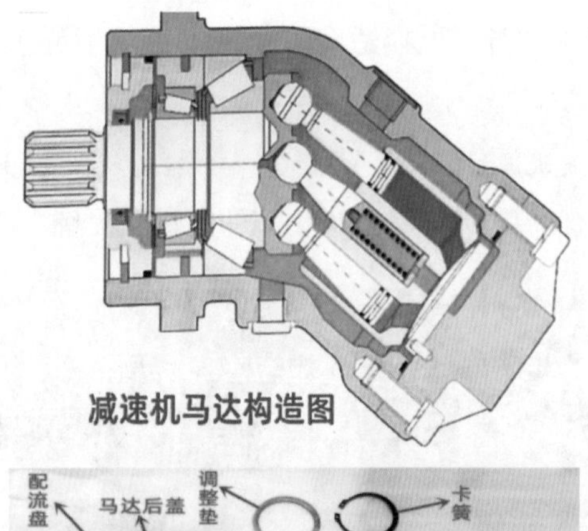

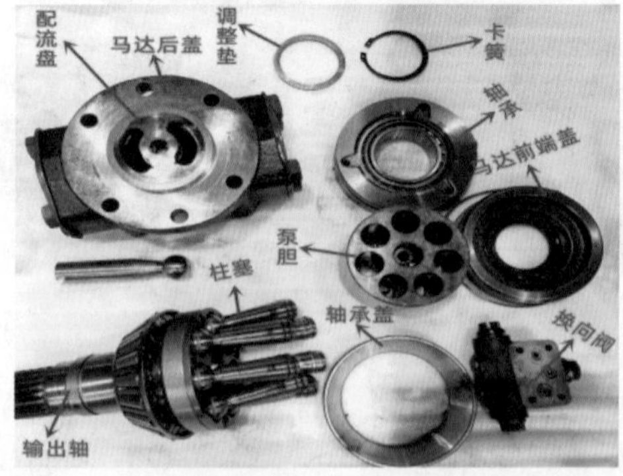

图3-29　减速器马达及其配件

3.7 牵引机尾架故障

3.7.1 牵引机尾架压力异常

1. 故障现象描述

尾架控制电路正常，牵引机尾架（见图3–30）压力不足或无压力输出。

2. 检查过程及方法

（1）查看液压油箱内液压油是否充足，检查液压油黏稠度；

（2）检查操作面板辅泵滤油器报警灯是否亮，检查吸油滤芯表指针；

（3）检查辅泵和尾架马达；

（4）查看尾架电比例调压阀阀芯、尾架节流阀阀芯是否堵塞。

3. 故障原因分析

（1）液压油不足、液压油黏稠度过稀；

（2）滤芯堵塞导致吸油不畅；

（3）辅泵、尾架马达存在磨损或密封圈损坏导致压力内泄；

（4）阀芯堵塞导致压力不足。

4. 处理方法

（1）添加相同标号的液压油，黏度过稀时需更换液压油；

（2）清洁或更换液压油滤芯；

（3）更换密封圈；

（4）清洁阀芯。

图3-30　牵引机尾架及部件

3.7.2 牵引机尾架异响

1. 故障现象描述

牵引机尾架异响。

2. 检查过程及方法

（1）检查齿轮、轴承、链条润滑及磨损情况，见图3-31；

（2）检查链条松紧度、链条长度；

（3）检查齿轮、链条与保护罩是否有摩擦。

3. 故障原因分析

（1）齿轮润滑不良造成磨损严重或断齿，轴承润滑不良造成轴承磨损或轴承骨架断裂，链条润滑不良造成磨损严重或断裂；

（2）链条松紧度或链条长度不合适；

（3）齿轮、链条与保护罩有摩擦。

4. 处理方法

（1）更换齿轮、轴承、链条；

（2）调整链条松紧度和长度；

（3）校正保护罩的摩擦部位。

图3-31　牵引机尾架部件

3.7.3 尾架油缸起升旋转控制失灵

1．故障现象描述

尾架油缸（见图3-32）起升旋转控制失灵。

2．检查过程及方法

（1）检查保险或空气开关是否断开；

（2）检查起升旋转开关，扳动开关用万用表测量开关通断；

（3）检查起升限位开关，用万用表测量起升限位开关的通断；

（4）检查起升旋转电磁换向阀是否正常得失电，电磁铁线圈是否断路（通电后用起子检测线圈有无磁力）；

（5）查看尾架电比例调压阀指示灯亮度变化，用万用表测量调压阀电流变化或用风扇电比例调压阀互换测试；

（6）检查起升旋转换向阀内有无异物堵塞；

（7）检查起升油缸节流阀是否打开或堵塞。

3．故障原因分析

（1）保险或空气开关断开；

（2）起升旋转开关损坏；

（3）起升限位开关损坏；

（4）电磁铁线圈断路；

（5）如尾架电比例调压阀电流变化正常，则调压阀芯损坏；如电流变化不正常，则尾架压力调节电位计损坏；

（6）尾架起升旋转换向阀异物堵塞；

（7）起升油缸节流阀关闭或堵塞。

4. 处理方法

（1）更换保险或闭合空气开关；

（2）更换起升旋转开关；

（3）更换起升限位开关；

（4）更换电磁铁线圈；

（5）更换调压阀芯或尾架压力调节电位计；

（6）清理异物后重新安装使用；

（7）打开起升油缸节流阀或清理异物后重新安装使用。

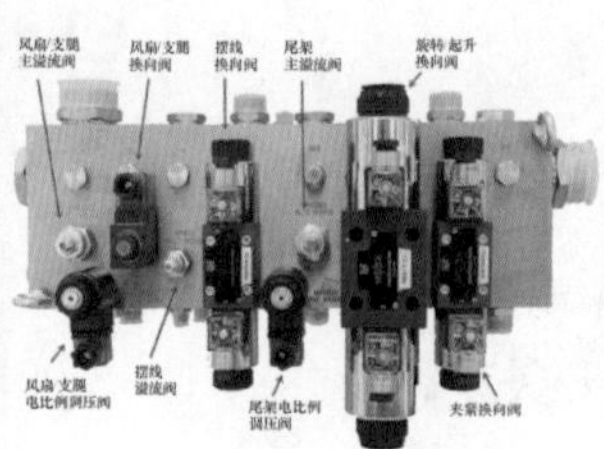

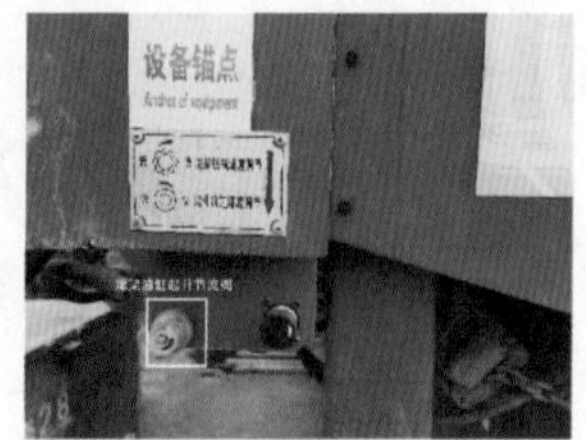

图3-32　牵引机尾架油缸及部件

3.7.4 牵引机卷线杠轴不转

1. 故障现象描述

牵引机卷线杠轴（见图3-33）不转。

2. 检查过程及方法

拆解卷线杠，检查卷线杠轴承。

3. 故障原因分析

卷线杠轴承润滑不良、锈蚀、磨损或轴承骨架断裂。

4. 处理方法

将轴承内锈渣清洗干净并加注润滑油或更换轴承。

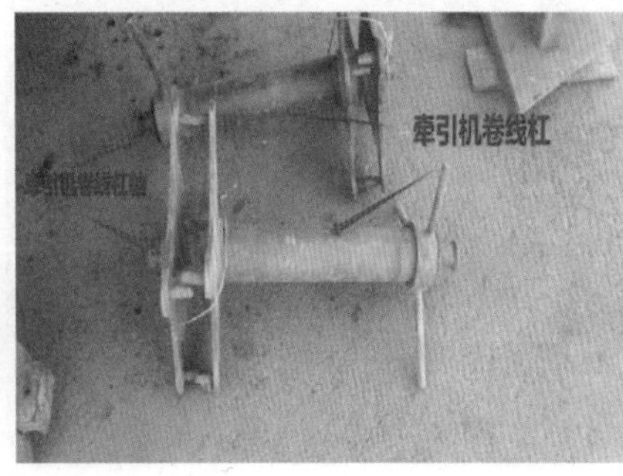

图3-33　牵引机卷线杠轴

3.8 牵引机渗漏油

3.8.1 液压辅泵漏油

1. 故障现象描述

液压辅泵（见图3-34）漏油。

2. 检查过程及方法

擦拭干净后观察接口处漏油则判定为密封圈损坏。

3. 故障原因分析

密封圈损坏导致漏油。

4. 处理方法

更换密封圈。

图3–34　液压辅泵

3.8.2 液压主泵漏油

1. 故障现象描述

液压主泵（见图3–35）漏油。

2. 检查过程及方法

（1）将漏油处的液压油擦干净后进行观察，如主泵和发动机接合处继续漏油，则判定为主泵油封或发动机后曲轴油封损坏；

（2）主泵后盖处有渗油；

（3）串联泵擦拭后，泵壳有渗油或裂纹则判定为泵壳破损。

3. 故障原因分析

（1）冬季设备启动后未开启小循环、启动后怠速运转预热时间不够就加大油门或怠速油门过高容易导致主泵油封或发动机后曲轴油封损坏；

（2）主泵后盖变形或密封圈损坏；

（3）泵体有裂纹导致渗油。

4. 处理方法

（1）更换损坏油封，冬季小循环分五段切换至大循环。

（2）更换主泵后盖或密封圈；

（3）更换泵体外壳。

图3-35　液压主泵

3.8.3 减速机漏油

1. 故障现象描述

减速机（见图3-36）漏油。

2. 检查过程及方法

清洁减速机表面，观察并找出渗漏部位。

3. 故障原因分析

（1）轴头油封磨损或输出轴间隙调整不当（渗漏齿轮油）；

（2）减速密封圈磨损（渗漏齿轮油）；

（3）观察孔螺丝损坏或通气孔堵塞（渗漏齿轮油）；

（4）刹车活塞密封圈损坏（渗漏液压油）。

4. 处理方法

（1）更换损坏的轴头油封或调整输出轴间隙；

（2）更换一级、二级减速的中间密封圈；

（3）更换观察孔螺丝、清洗通气孔；

（4）更换损坏的刹车活塞密封圈。

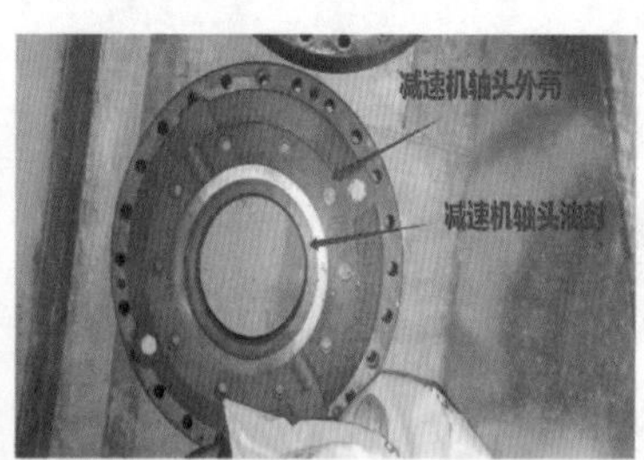

图3-36　减速机

3.8.4 尾架马达、风扇马达轴头漏油

1. 故障现象描述

尾架马达、风扇马达（见图3-37）轴头漏油。

2. 检查过程及方法

清洁马达轴头，起动设备观察尾架马达轴头、风扇马达轴头液压油渗漏部位。

3. 故障原因分析

油封磨损或损坏导致液压油渗漏。

4. 处理方法

更换相应轴头油封或更换尾架马达、风扇马达。

图3-37　尾架马达、风扇马达

3.8.5 牵引机尾架油缸缸体渗油

1. 故障现象描述

牵引机尾架油缸缸体（见图3-38）渗油。

2. 检查过程及方法

清洁尾架油缸缸体后，逐级升起油缸查看油液从哪一级缸体渗出。

图3-38　尾架起升油缸

3. 故障原因分析

尾架油缸缸体油封损坏或变形。

4. 处理方法

更换相同型号的缸体油封。

3.8.6 油气分离器堵塞

1. 故障现象描述

油气分离器（呼吸器，见图3-39）周边渗油或发动机憋气、机油尺口冒机油。

2. 检查过程及方法

（1）打开油气分离器（呼吸器），检查油气分离器（呼吸器）密封圈是否损坏。

（2）检查油气分离器（呼吸器）废气管是否堵塞。

3. 故障原因分析

（1）油气分离器（呼吸器）密封圈损坏。

（2）油气分离器（呼吸器）堵塞。

4. 处理方法

（1）更换油气分离器（呼吸器）密封圈。

（2）清理油气分离器（呼吸器）。

图3-39 油气分离器

3.9 牵引机夹线器故障

1. 故障现象描述

夹线器油缸（见图3-40）不动作。

2. 检查过程及方法

（1）检查保险或空气开关是否断开；

（2）检查夹线器控制开关；

（3）在正常得失电情况下，检查电磁换向阀电磁铁线圈是否断路（通电后用起子检测线圈有无磁力）；

3. 故障原因分析

（1）保险或空气开关断开；

（2）夹线器开关损坏；

（3）如电磁线圈无磁力，则电磁铁线圈断路，如有磁力，则阀芯堵塞。

4. 处理方法

（1）更换保险或闭合空气开关；

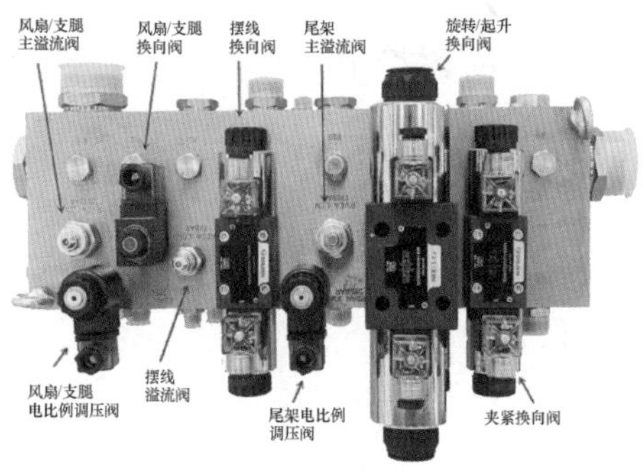

图3-40　夹线器油缸

（2）更换夹紧松开开关；

（3）更换电磁铁线圈（现场应急可用起子顶阀芯手动换向、与摆线电磁阀交替使用）；清洗阀芯异物。

3.10 牵引机排线器故障

3.10.1 牵引机机械式排线尾架不排线或不换向

1. 故障现象描述

牵引机机械式排线尾架不排线或不换向。

2. 检查过程及方法

（1）检查滑块是否磨损；

（2）检查丝杠滑槽；

（3）检查滑块弹簧。

3. 故障原因分析

（1）滑块磨损；

（2）丝杠滑槽磨损；

（3）滑块弹簧弹力不足。

4. 处理方法

（1）更换滑块；

（2）更换丝杠；

（3）更换滑块弹簧。图3-41为牵引机卷线丝杠及滑块。

图3-41　牵引机卷线丝杠及滑块

3.10.2 排线器滑块易磨损

1. 故障现象描述

排线器滑块易磨损。

2. 检查过程及方法

（1）检查滑块调整螺丝（见图3-42）;

（2）检查丝杠上有无异物。

图3-42　牵引机丝杠滑块调节螺丝

3. 故障原因分析

（1）滑块调整螺丝过紧或过松;

（2）丝杠上润滑脂夹杂尘土。

4．处理方法

（1）将滑块调整螺丝调至合适位置；

（2）清洁丝杠后涂抹干净的润滑脂。

3.10.3 排线器无动作或单向排线

1．故障现象描述

排线器无动作或单向排线。

2．检查过程及方法

（1）检查排线开关和停止按钮，用万用表测量开关通断；

（2）检查行程开关，将万用表调至蜂鸣档测量行程开关常闭和常开触点通断；

（3）检查排线继电器，用万用表测量继电器常闭和常开触点通断；

（4）首先检查排线电磁阀是否正常得失电：如不得电，检查排线电路的连接是否有虚接；如得电，检查电磁阀线圈是否正常和阀芯有无堵塞；

（5）检查排线速度节流阀是否打开或阀芯堵塞。

3．故障原因分析

（1）排线开关或停止按钮损坏；

（2）行程开关损坏；

（3）继电器损坏；

（4）排线电路存在虚接、电磁阀线圈损坏、阀芯堵塞；

（5）排线速度节流阀未打开或阀芯堵塞。

4．处理方法

（1）更换排线开关或停止按钮；

（2）更换行程开关；

（3）更换继电器；

（4）查找线路虚接部位、更换电磁阀线圈、清洗阀芯；

（5）打开排线速度节流阀或清洗阀芯。

图3–43为摆线开关、尾架摆线速度节流阀、尾架摆线马达、摆线行程开

关、尾架摆线马达。

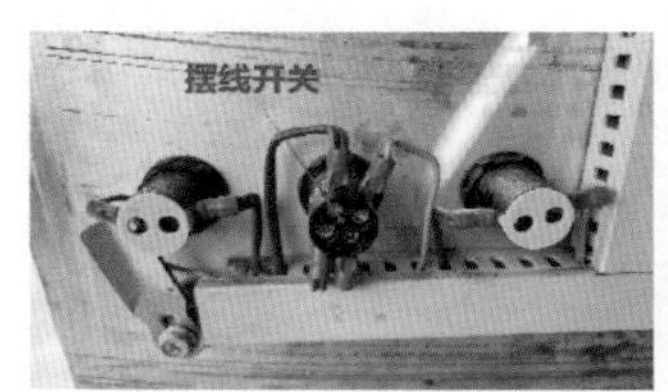

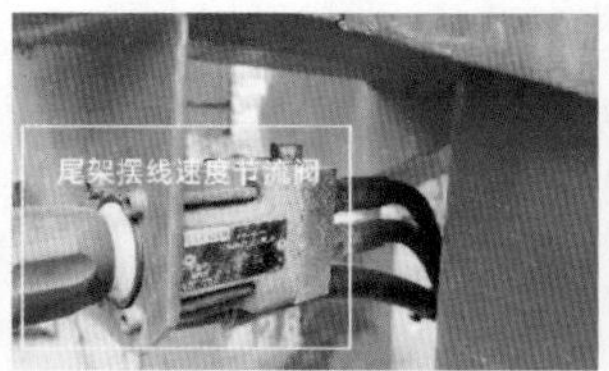

图3-43　摆线开关、尾架摆线速度节流阀、尾架摆线马达、摆线行程开关、尾架摆线马达

3.11 牵引轮不动作

3.11.1 牵引轮不动作，主泵无压力输出

1. 故障现象描述

扳动牵引手柄牵引轮无反应，主泵无压力输出。

2. 检查过程及方法

（1）检查保险或空气开关是否断开；

（2）检查夹紧行程开关，用万用表测量行程开关常闭点的通断；

（3）检查预调开关是否关闭，用万用表测量预调开关是否正常；

（4）观察放大器指示灯是否正常。

3. 故障原因分析

（1）保险或空气开关断开；

（2）夹紧行程开关损坏；

（3）预调开关打开；

（4）放大器损坏。

4. 处理方法

（1）更换保险或闭合空气开关；

（2）更换夹紧行程开关或临时短接；

（3）关闭预调开关；

（4）更换放大器。

图3-44为预调开关及指示灯、夹紧行程开关。

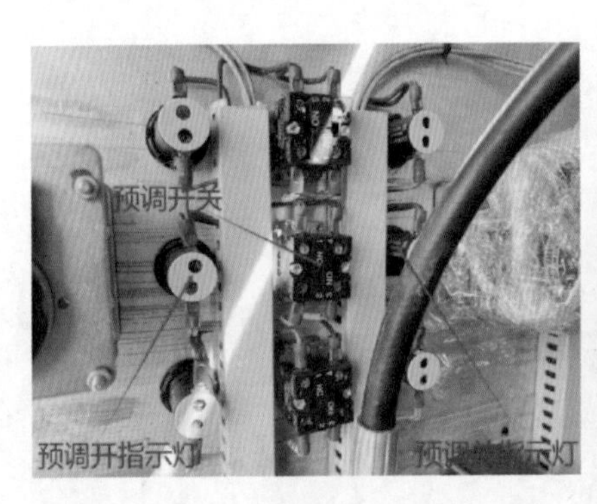

图3-44　预调开关及指示灯、夹紧行程开关

3.11.2 牵引轮不动作，主泵有压力输出

1. 故障现象描述

扳动牵引手柄牵引轮不转，主泵有压力输出。

2. 检查过程及方法

（1）检查刹车开关是否打开，用万用表测量刹车开关是否正常；

（2）用万用表测量刹车继电器是否正常；

（3）检查手柄微动开关是否正常；

（4）检查刹车电磁阀是否正常得失电；

（5）拆下减速机刹车部位连接的液压油管，使用压力表测量在开关切换时该液压油管输出的压力是否正常，现场无压力表时用手抓住刹车油管感受有无压力。

3. 故障原因分析

（1）刹车开关损坏；

（2）刹车继电器损坏；

（3）手柄微动开关接触不良；

（4）正常得失电则检查刹车电磁阀；

（5）刹车液压油管无压力则为刹车电磁阀阀芯卡滞。

4. 处理方法

（1）更换刹车开关；

（2）更换继电器；

（3）用清洗剂清洁后反复扳动几次手柄；

（4）维修或更换刹车电磁阀；

（5）清理异物后重新安装使用。

图3-45为刹车开关、夹紧行程开关和牵引机刹车电磁阀。

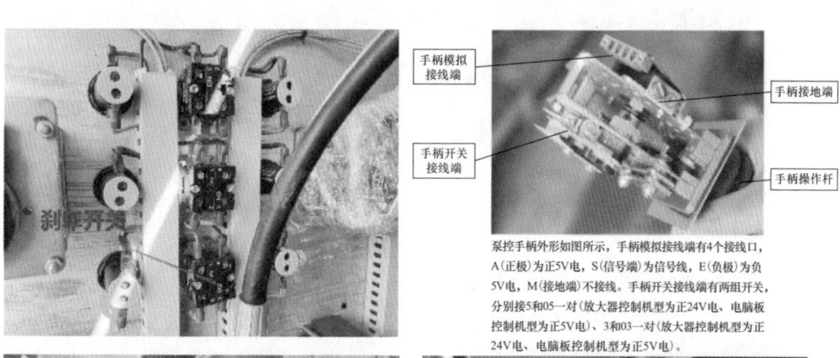

图3-45 刹车开关、夹紧行程开关和牵引机刹车电磁阀

3.12 牵引机控制故障

3.12.1 预调控制失灵

1. 故障现象描述

预调控制失灵。

2. 检查过程及方法

（1）检查保险或空气开关是否断开；

（2）检查预调开关，用万用表测量开关通断；

（3）检查预调电磁阀是否正常得失电。

3. 故障原因分析

（1）保险或空气开关断开；

（2）预调开关损坏；

（3）正常得失电则预调电磁阀损坏。

4. 处理方法

（1）更换保险或闭合空气开关；

（2）更换预调开关；

（3）更换预调电磁阀。

图3-46为预调开关及指示灯、预调电磁阀和调压阀。

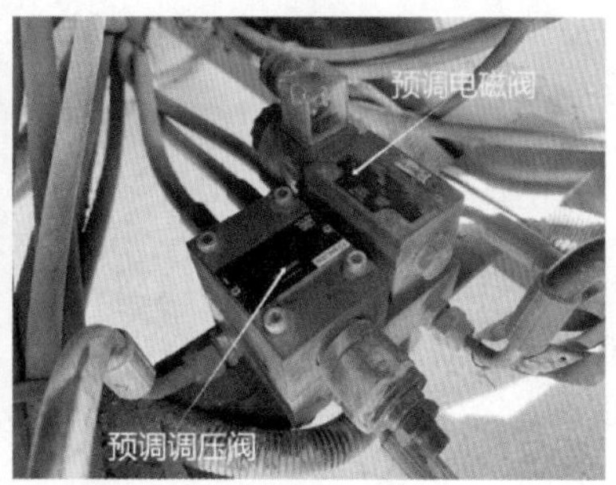

图3-46　预调开关及指示灯、预调电磁阀和调压阀

3.12.2 制动控制失灵

1. 故障现象描述

制动控制失灵。

2. 检查过程及方法

（1）检查保险或空气开关是否断开；

（2）检查制动开关，用万用表测量开关通断；

（3）检查牵引手柄微动开关是否正常；

（4）检查刹车继电器，使用万用表测量继电器通断；

（5）检查刹车电磁阀是否正常得失电，电磁铁线圈是否断路，通电后用起子检测线圈有无磁力；

（6）检查放大器故障指示灯是否正常。

3. 故障原因分析

（1）保险或空气开关断开；

（2）制动开关损坏；

（3）微动开关接触不良。

（4）刹车继电器损坏；

（5）电磁铁线圈断路；

（6）放大器损坏。

4. 处理方法

（1）更换保险或闭合空气开关；

（2）更换制动开关；

（3）使用清洗剂清洁反复扳动几次手柄；

（4）更换刹车继电器；

（5）更换电磁铁线圈；

（6）更换放大器。

图3–47为刹车开关及指示灯、刹车电磁阀。

图3–47　刹车开关及指示灯、刹车电磁阀

3.12.3 高低速开关切换失灵

1. 故障现象描述

高低速开关切换失灵。

2. 检查过程及方法

（1）检查保险或空气开关是否断开；

（2）检查高低速切换开关，用万用表测量开关通断；

（3）检查高低速电磁阀是否正常得失电。

3. 故障原因分析

（1）保险或空气开关断开；

（2）高低速切换开关损坏；

（3）正常得失电则高低速电磁阀损坏。

4. 处理方法

（1）更换保险或闭合空气开关；

（2）更换高低速切换开关；

（3）更换高低速电磁阀。

图3-48为高低速电磁阀和高低速开关。

图3-48　高低速电磁阀和高低速开关

3.12.4 油门控制失灵

1. 故障现象描述

油门控制失灵。

2. 检查过程及方法

（1）检查油门电机是否动作；

（2）检查油门电机控制继电器，用万用表测量继电器通断（禁止在通电状态下强启继电器）或（禁止使用强启继电器）；

（3）检查油门手柄开关，使用万用表测量开关通断；

（4）检查保险或空气开关是否断开。

3. 故障原因分析

（1）油门电机不得电或损坏；

（2）油门电机控制继电器损坏；

（3）油门手柄开关损坏；

（4）保险或空气开关断开。

4. 处理方法

（1）检查油门电机电路或更换油门电机（见图3-49）；

（2）更换油门电机控制继电器；

（3）更换油门手柄开关；

（4）更换保险或闭合空气开关。

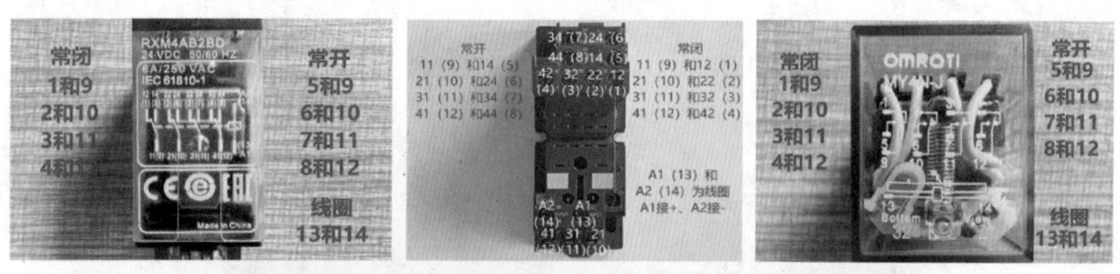

图3-49　油门电路

3.12.5 牵引轮转速不稳

1. 故障现象描述

扳动牵引送线手柄，牵引轮转速忽快忽慢。

2. 检查过程及方法

查看放大器指示灯是否正常。

3. 故障原因分析

放大器损坏。

4. 处理方法

更换放大器（见图3-50）。

所有旋钮调节时，均顺时针方向递增，逆时针方向递减，时间旋钮转一圈约0.15秒，调节牵引松线电流时，应将万用表串接在回路中观察仪表显示并调节。

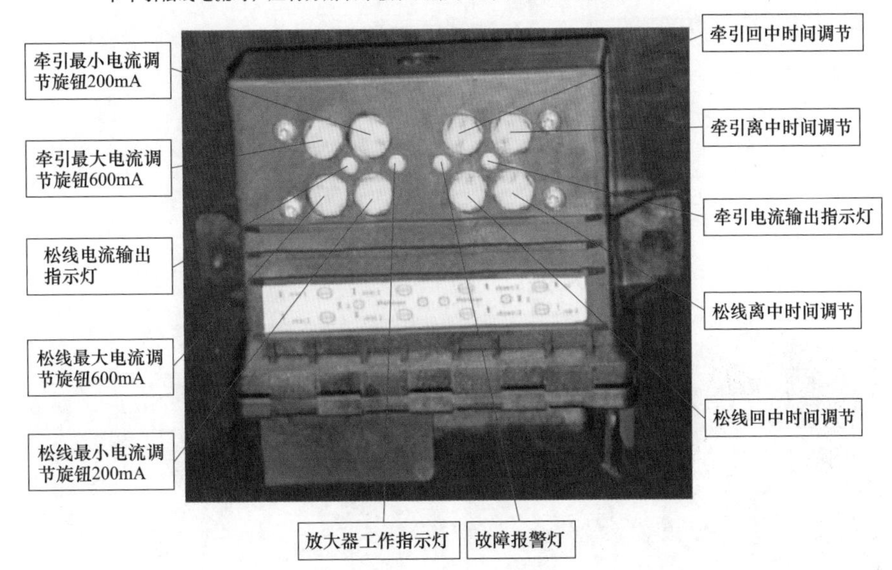

图3-50　放大器

3.13 牵引机机械故障

3.13.1 减速机有异响

1. 故障现象描述

减速机（见图3-51）有异响。

2. 检查过程及方法

（1）检查减速机内是否有足量的齿轮油；

（2）触摸减速机是否高温。

3. 故障原因分析

（1）减速机内齿轮油不足；

（2）减速机太阳齿、行星齿磨损、轴承磨损。

4. 处理方法

（1）补充齿轮油；

（2）更换相应损坏的齿，调整齿轮间隙，更换轴承。

图3-51 减速机

3.13.2 机械式油门故障

1. 故障现象描述

机械式油门手柄扳不动。

2. 检查过程及方法

检查油门拉线（见图3-52）是否正常。

3. 故障原因分析

（1）油门拉线保护胶皮烧坏粘连；

（2）油门拉线内部进水冬天冻住。

4. 处理方法

（1）更换油门拉线；

（2）取下油门拉线解冻。

图3-52　油门拉线

3.13.3 机械式油门故障

1. 故障现象描述

扳动机械式油门手柄，发动机转速无变化。

2. 检查过程及方法

检查油门拉线是否正常。

3. 故障原因分析

（1）油门拉线固定螺丝松动导致油门拉线脱落；

（2）油门拉线过松；

（3）油门拉线磨损导致断开。

4. 处理方法

（1）连接好油门拉线，紧固油门拉线调节螺丝（见图3-53）；

（2）调整油门拉线松紧度（调整至最大油门时发动机转速达到2300转以上）；

（3）更换油门拉线。

图3-53　油门拉线调节螺丝

3.13.4 牵引机卷筒有异响

1. 故障现象描述

牵引机卷筒有异响。

2. 检查过程及方法

（1）检查卷筒内部机械结构是否正常；

（2）检查轴承润滑情况及磨损情况；

（3）检查齿轮的润滑和磨损情况；

（4）检查齿轮与齿轮罩是否有摩擦。

3. 故障原因分析

（1）牵引轮内部拉筋断裂、脱焊；牵引卷筒与法兰连接螺丝断裂；牵引轮连接法兰过盈配合量不足脱焊；

（2）轴承润滑不良造成轴承磨损或轴承骨架断裂；

（3）齿轮磨损严重或断齿；

（4）齿轮罩变形，齿轮与齿轮罩有摩擦。

4. 处理方法

（1）校正、补焊、更换；更换牵引滚筒与法兰连接螺丝；法兰连接处打破口；进行加强焊接；

（2）更换轴承；

（3）更换齿轮；

（4）对齿轮与齿轮罩摩擦部位进行校正。

图3–54为牵引轮轴承、牵引机主动齿和被动齿、牵引滚筒加强拉筋和法兰。

图3–54　牵引轮轴承、牵引机主动齿和被动齿、牵引滚筒加强拉筋和法兰

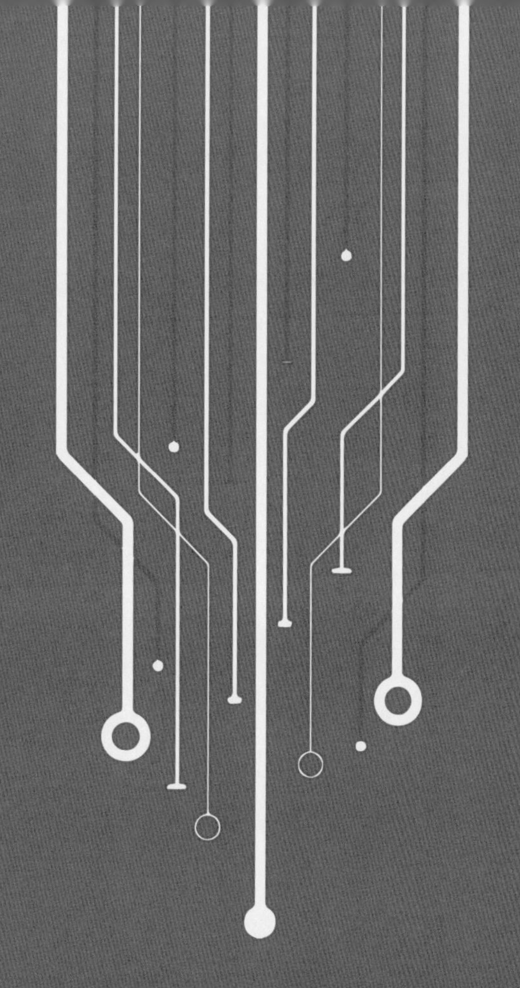

第4章

张力机的保养与维修

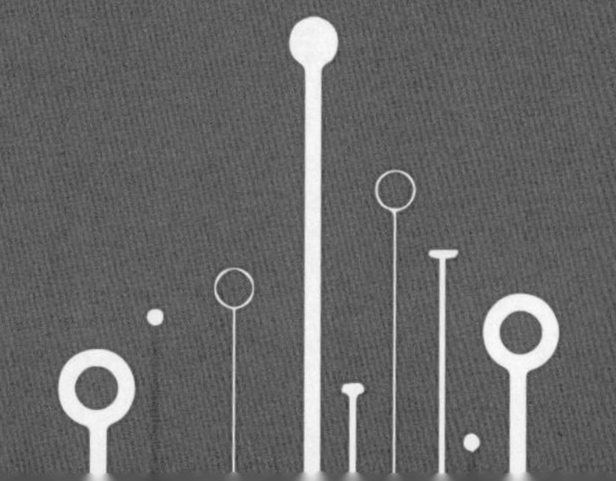

4.1 发动机运行故障

1. 故障现象描述

发动机起动后，排气管烟特别大。

2. 检查过程及方法

（1）检查油浸式空气滤清器油位；

（2）检查涡轮增压器。

3. 故障原因分析

（1）油浸式空气滤清器油位过高；

（2）涡轮增压器损坏导致烧机油。

4. 处理方法

（1）抽掉过量的机油；

（2）更换涡轮增压器。

图4-1为油浸式空气滤芯。

图4-1　油浸式空气滤芯

4.2 仪表指示灯故障、仪表显示不正常

4.2.1 转速显示异常

1. 故障现象描述

发动机正常起动，转速显示不正常（电喷或BF4L2011发动机）或转速表无动作。

2. 检查过程及方法

（1）检查转速表、转速传感器接线是否牢固；

（2）带有转速传感器的发动机，检查传感器与飞轮齿调整间隙是否合适；

（3）发电机感应转速的发动机，检查发电机发电量是否正常；

（4）检查转速表或传感器是否正常；

（5）检查转速表设置转速比开关是否正常；

（6）检查转速表电阻是否损坏。

3. 故障原因分析

（1）转速表、转速传感器接线虚接或断路；

（2）传感器与飞轮齿间隙调整不当；

（3）发电机发电量不正常；

（4）转速表或传感器损坏；

（5）转速表设置转速比不正确；

（6）转速表电阻损坏。

4. 处理方法

（1）紧固转速表、转速传感器接线；

（2）检查转速传感器背面调整间隙，转速传感器感应塞与飞轮齿间距应为25丝（转速传感器感应塞接触飞轮齿后回旋90°）；

（3）维修发电机；

（4）更换转速表或传感器；

（5）更换新转速表需重新设置转速比（数字正看1下2上3下或对比旧表）；

（6）更换转速表电阻。

图4–2为设置转速比及发电机、转速传感器。

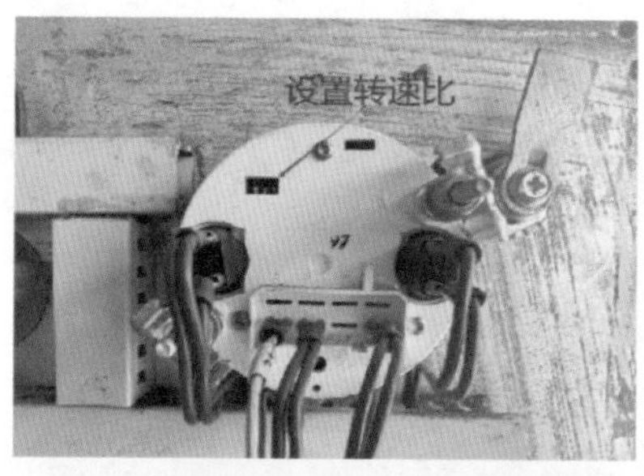

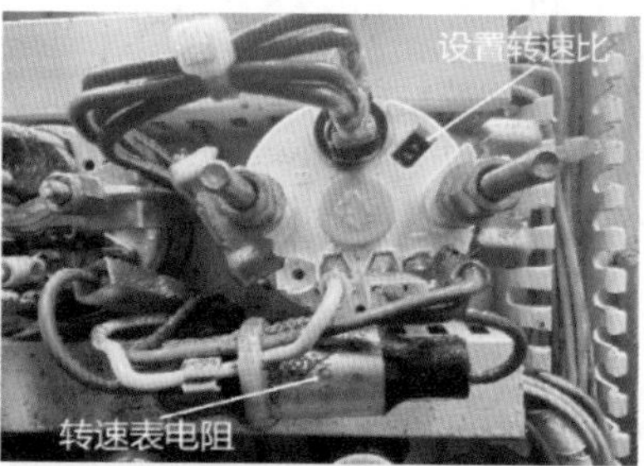

图4–2　设置转速比及发电机、转速传感器

4.2.2 机油压力表显示异常

1. 故障现象描述

机油压力表、传感器及接线正常，机油压力显示不正常（使用直感机油压力表测量机油压力。拆下机油压力传感器，连接上机油压力表，启动发动机，读取表内数值，低于正常范围值2–5bar）。

2. 检查过程及方法

（1）拔出机油尺观察机油刻度线；

（2）观察机油的颜色、粘度是否变质老化；

（3）检查机油滤清器是否洁净；

（4）检查机油散热器有无堵塞；

（5）检查机油泵，将机油泵拆下分解，查看内部油腔是否有磨损的情况；

（6）检查大小瓦、凸轮轴瓦有无磨损。

3．故障原因分析

（1）机油壳中油面太低；

（2）机油型号不对或老化；

（3）机油滤清器脏；

（4）机油散热器堵塞；

（5）机油泵磨损或装配不符合要求；

（6）大小瓦凸轮轴磨损。

4．处理方法

（1）加注相同型号的机油；

（2）更换合适的机油；

（3）更换机油滤清器；

（4）清理机油散热器；

（5）按要求装配或更换机油泵；

（6）更换大小瓦及凸轮轴瓦。图4-3为机油散热器及机油尺、机油泵。

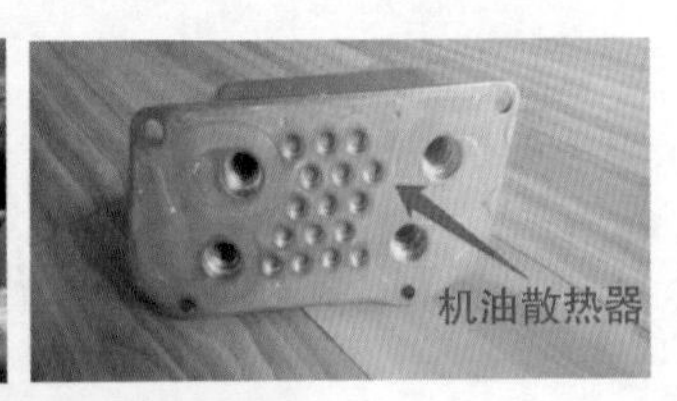

图4-3　机油散热器及机油尺、机油泵

4.3 液压系统故障

4.3.1 张力机输出压力显示异常

1. 故障现象描述

张力机（带有电脑板和显示器，见图4-4）牵引力、张力、尾架压力显示不正常，张力机无法正常工作。

2. 检查过程及方法

（1）检查主泵压力传感器（高压传感器）；

（2）检查1轮、2轮主压力传感器（高压传感器）；

（3）检查尾架压力传感器（低压传感器）；

（4）检查传感器接线是否可靠。

3. 故障原因分析

（1）主泵压力传感器损坏；

（2）1轮和2轮主压力传感器损坏；

（3）尾架压力传感器损坏；

（4）传感器接线虚接。

4. 处理方法

（1）更换主泵压力传感器或拔掉传感器插头；

（2）更换1轮和2轮主压力传感器或拔掉传感器插头；

（3）更换尾架压力传感器或拔掉传感器插头；

（4）紧固传感器插头。

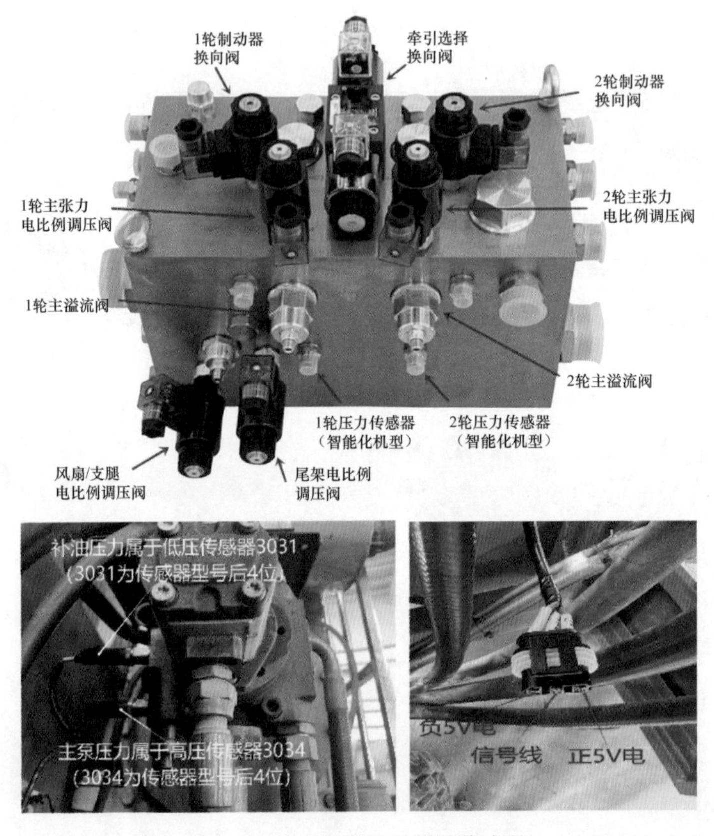

图4-4　张力机及补油低压传感器

4.3.2 液压油升温快

1. 故障现象描述

设备运行过程中，液压油升温快。

2. 检查过程及方法

（1）查看液压油箱内液压油是否充足；

（2）查看液压油是否有杂质或变质；

（3）散热器风扇叶片是否正常；

（4）风扇泵是否正常运行；

（5）风扇压力表显示是否正常；

（6）检查散热器是否有堵塞；

（7）检查液压油温度传感器；

（8）检查散热器风扇风圈（导流罩）是否损坏。

3．故障原因分析

（1）液压油不足导致供油量不足；

（2）液压油内有杂质后导致阀体流通不畅或变质后液压油效力下降；

（3）风扇叶片损坏，致使散热器工作效率下降；

（4）风扇泵不工作，导致散热器无法散热；

（5）风扇溢流阀或远程阀有异物堵塞，导致风扇压力达不到相应的压力使散热效率下降；

（6）散热器堵塞，导致散热效率下降；

（7）液压油温度传感器损坏；

（8）散热器风扇风圈（导流罩）损坏。

4．处理方法

（1）补充相同型号液压油至观察孔最低刻度线以上；

（2）清洗液压油路，更换标准型号液压油并更换滤芯；

（3）更换完好风扇叶片；

（4）维修风扇泵；

（5）清洗或更换溢流阀；

（6）清理散热器异物；

（7）更换液压油温度传感器；

（8）更换散热器风扇风圈（导流罩，见图4–5）。

图4–5　风扇风圈、风扇泵

4.3.3 补油压力显示异常

1. 故障现象描述

补油压力表显示低于1.6MPa。

2. 检查过程及方法

（1）查看补油泵（见图4-6）吸油滤芯是否堵塞；

（2）检查各液压管路接头是否存在漏油现象；

（3）查看液压控制系统（伺服活塞、刹车电磁阀、起升旋转电磁阀、风扇/支腿换向电磁阀）是否存在内泄。

3. 故障原因分析

（1）吸油滤芯堵塞，导致液压油循环不畅；

（2）液压管路漏油，导致压力外泄；

（3）液压控制系统内泄（多数为密封圈损坏），导致补油压力不足。

4. 处理方法

（1）更换吸油滤芯；

（2）紧固管路接头或更换液压管；

（3）查找内泄位置进行维修或调节补油压力调压阀使补油压力达到正常值。

图4-6 补油泵及部件

4.3.4 调压阀失灵

1. 故障现象描述

液控张力机调压阀（见图4–7）无法调压。

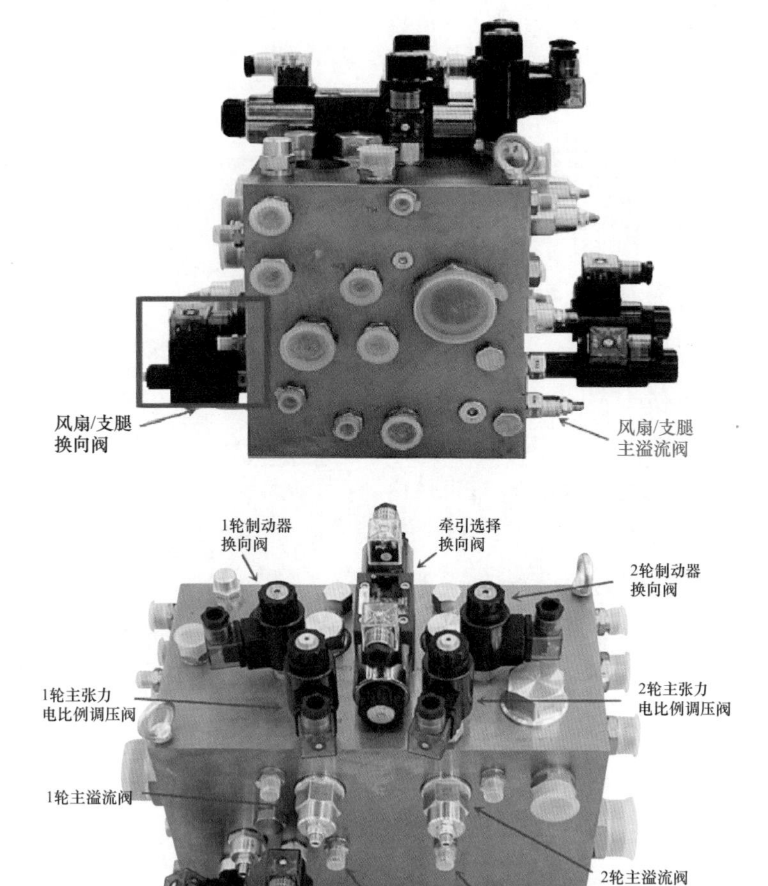

图4–7　调压阀

2. 检查过程及方法

由于仪表箱内的两张力轮对应的远程调压阀完全相同，可更换这两阀的控制油管进行试验，如故障依旧，则基本确定为主阀失灵，如故障转移，则基本确定为远程调节阀失灵。

3．故障原因分析

一般均由液压油污染引起的压力控制阀失灵，无论远程调压阀失灵或者对应插装主阀失灵均可能造成这种情况，因此首先应确认故障阀。

4．处理方法

拆下故障阀，使用清洗剂对其进行仔细清洗。

4.3.5 散热器回油管爆裂

1．故障现象描述

液压油回油管爆裂。

2．检查过程及方法

（1）查看回油滤清器报警灯，查看回油滤芯指示表；

（2）查看放线速度是否超过设计值。

3．故障原因分析

（1）滤芯严重堵塞，导致回油不畅；

（2）放线速度超过设备设计值，导致系统内压力超过散热器承压值。

4．处理方法

（1）清洁或更换回油滤芯；

（2）按照设备操作手册使用；在大截面导线展放时，压接管保护套过滑车前提高发动机转速，增加液压系统液压油流量。

图4-8为牵引速度表、滤油器指示表。

4.3.6 尾架油管憋压

1．故障现象描述

张力机尾架油管（见图4-9）无法连接张力机。

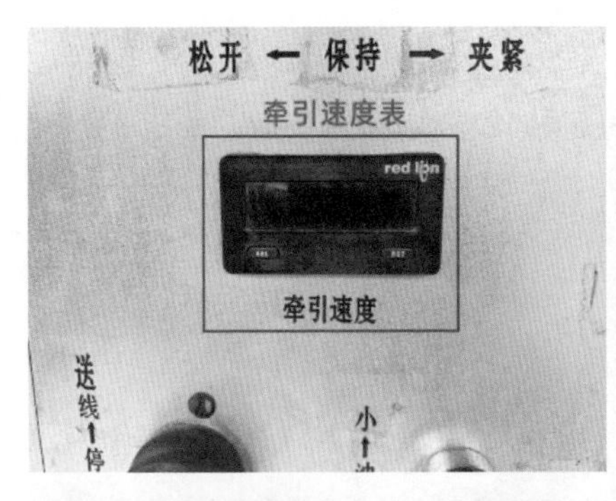

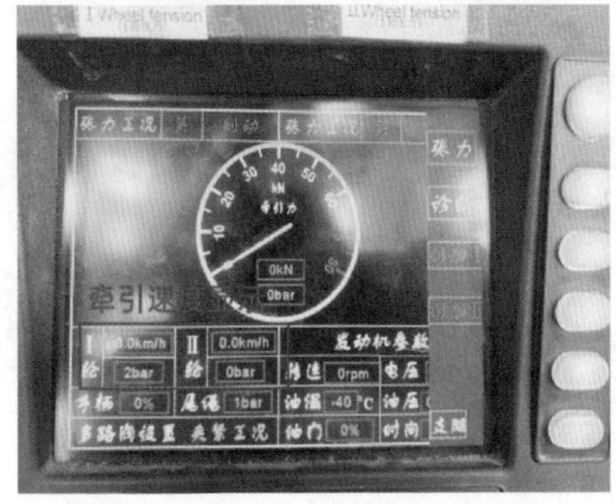

图4-8　牵引速度表、滤油器指示表

图4-9　张力机尾架油管

2. 检查过程及方法

（1）检查尾架油管是否有憋压情况；

（2）检查尾架油管接头是否存在损坏。

3. 故障原因分析

（1）尾架油管内部压力过大导致无法连接张力机；

（2）尾架油管接头损坏导致无法连接张力机。

4. 处理方法

（1）对尾架马达进行泄压（在尾架节流阀关闭情况下先拆卸进油管再拆卸回油管）；

（2）更换尾架油管接头。

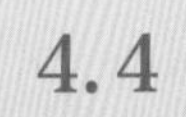

4.4 张力机渗漏油

1. 故障现象描述

液压支腿漏油或泄压（见图4-10）。

2. 检查过程及方法

（1）如扳动支腿操纵杆，油缸无动作且从支腿底部流出大量液压油，则检查液压锁阀固定螺丝或空心管是否正常；

（2）如扳动支腿操纵杆，油缸有动作且从支腿底部流出液压油，则检查空心管与锁阀连接处组合垫、检查液压支腿油封、液压油管连接处空心螺丝是否松动。

（3）无漏油情况支腿泄压，检查锁阀阀芯O型圈、阀芯弹簧、阀芯滚珠。

3. 故障原因分析

（1）液压锁阀固定螺丝断裂或空心管断裂；

（2）油缸下部油管组合垫和空心螺丝损坏、空心管与锁阀连接处组合垫损坏、空心螺丝松动、支腿油封损坏或变形；

（3）液压支腿锁阀阀芯O形圈损坏或变形、阀芯弹簧失去弹性或丢失、阀芯滚珠损坏或丢失。

4. 处理方法

（1）更换锁阀固定螺丝或空心管后，紧固锁阀上面2根空心管时，固定螺帽和盖板间要留合适间隙；

（2）更换相应组合垫和空心螺丝、紧固松动部位、更换支腿油封；

（3）更换相同型号的O型圈、阀芯弹簧、阀芯滚珠。

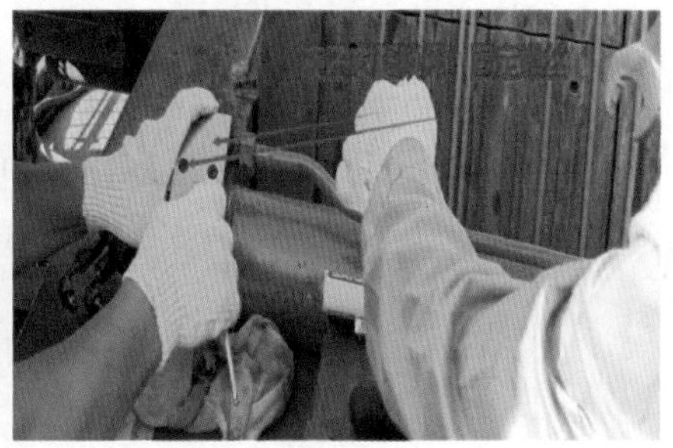

图4-10　液压支腿软管

4.5 张力机风扇、支腿故障

4.5.1 风扇支腿工况无法切换或风扇不动作

1. 故障现象描述

风扇支腿工况无法切换或风扇不动作（见图4-11）。

2. 检查过程及方法

（1）检查保险或空气开关是否断开；

（2）检查风扇支腿切换开关，用万用表测量开关通断；

（3）用万用表测量风扇电位计是否有5V电压，检查风扇电比例调压阀电流变化是否正常；

（4）用万用表测量风扇支腿电磁换向阀是否正常得失电；

（5）检查放大器指示灯是否正常。

3. 故障原因分析

（1）保险或空气开关断开；

（2）风扇支腿切换开关损坏；

（3）电位计电压正常，风扇电比例调压阀电流变化正常，则阀体损坏；

（4）正常得失电则风扇支腿电磁换向阀损坏；

（5）放大器损坏。

4. 处理方法

（1）更换保险或闭合空气开关；

（2）更换风扇支腿切换开关；

（3）更换风扇电比例调压阀；

（4）更换风扇支腿电磁换向阀；

（5）更换放大器。

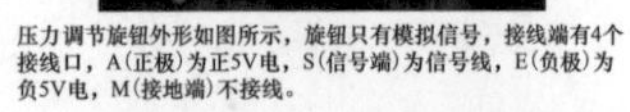

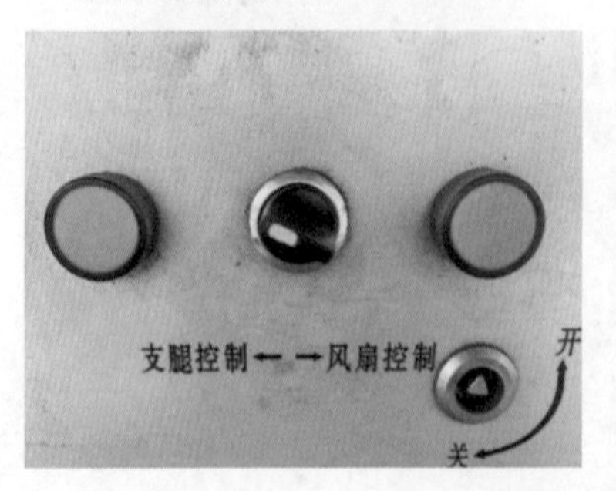

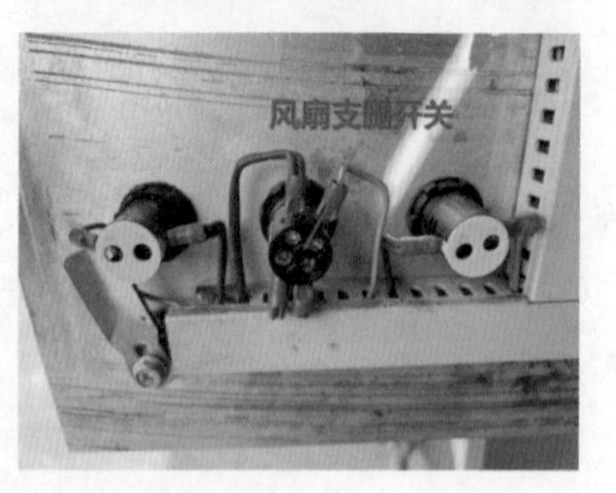

图4-11　风扇支腿及其控制

4.5.2 风扇转速不稳

1．故障现象描述

风扇旋转速度慢或不转动，见图4-12。

2．检查过程及方法

（1）查看液压油箱内液压油是否充足，液压油是否黏稠度过大；

（2）检查操作面板滤芯器报警灯是否亮；吸油滤芯表指针是否在绿区；

（3）查看风扇支腿换向阀是否卡滞；

（4）切换至支腿工况，查看风扇压力表压力是否能达到20bar以上。

3．故障原因分析

（1）液压油不足或黏稠度过大导致风扇泵吸油不畅达不到相应压力；

（2）滤芯堵塞导致液压油循环不畅；

（3）风扇支腿换向阀阀芯卡滞；

（4）风扇泵磨损导致压力不足。

4．处理方法

（1）添加相同标号的液压油或更换黏稠度适当的液压油；

（2）清洁滤芯或者更换滤芯；

（3）清洗或更换风扇支腿换向阀；

（4）更换风扇泵。

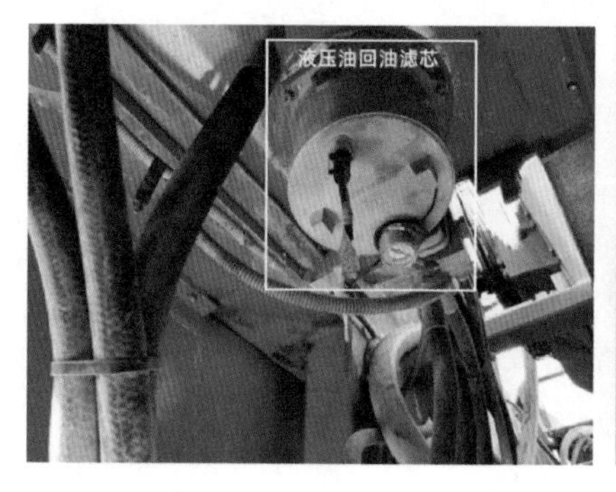

图4-12　液压油回油滤芯、滤油器指示表

4.6 张力机控制故障

1. 故障现象描述

油门控制失灵，见图4-13。

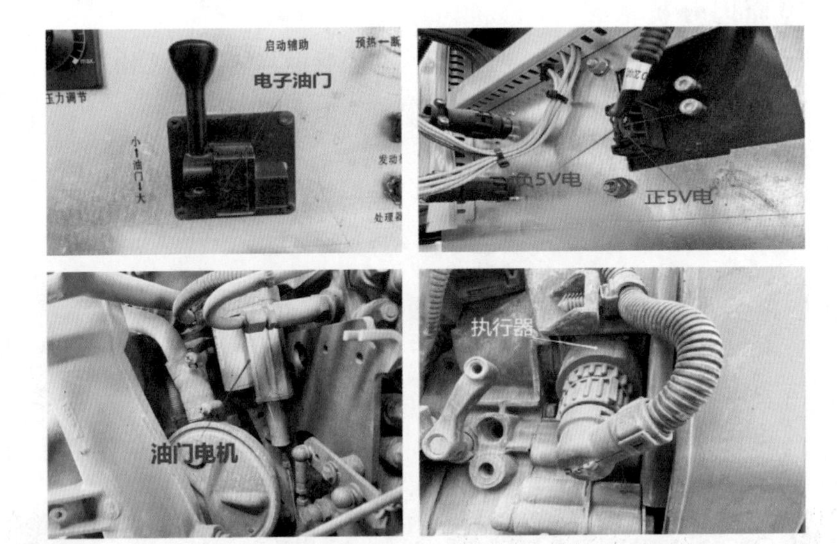

图4-13 电子油门及油门电机

2. 检查过程及方法

（1）检查油门（油门踏板）手柄电位计电压是否为5V；

（2）调节油门踏板，通过显示器观察踏板位置有无变化；

（3）检查执行器的输入电压是否为24V。

3. 故障原因分析

（1）电压正常则检查电位计或执行器；

（2）如无变化，则油门踏板电位计损坏；处理方法：

（3）执行器损坏。

4. 处理方法

（1）如电位计损坏，更换电位计；现场应急：正5V线碰触信号线则加油门，负5V线碰触信号线则减油门，暂时可以控制发动机转速（或电位计中间端为信号线，两端为正5V电）；

（2）更换油门踏板或用电位计替代；

（3）更换执行器或取掉执行器后改用手动油门控制。

4.7 张力机机械故障

4.7.1 皮带异常磨损

1. 故障现象描述

皮带异常磨损，见图4-14。

2. 检查过程及方法

（1）检查皮带轮、张紧轮有无异常；

（2）检查皮带安装有无异常；

（3）检查张紧轮轴承。

3. 故障原因分析

（1）各皮带传动轮不共面，皮带轮粗糙度过大；皮带轮生锈或有异物卡入，皮带打滑；

（2）安装张力过大、皮带跳出带轮或错槽安装；

（3）张紧轮轴承烧死，造成磨损。

4. 处理方法

（1）可以调整皮带轮倾斜度，保证皮带轮对准度；使用粗糙度合格皮带轮；适当增大皮带的安装张力，清理皮带上的异物；

（2）适当减小皮带的张力，调整皮带安装位置；

（3）更换张紧轮或轴承。

图4-14　皮带

4.7.2 张力轮制动后缓慢溜线

1. 故障现象描述

张力工况下张力轮带负载制动后，张力轮缓慢转动溜线。

2. 检查过程及方法

检查制动器摩擦片和制动器弹簧，见图4-15。

图4-15　剎车摩擦片

3. 故障原因分析

（1）制动器摩擦片磨损；

（2）制动器弹簧损坏。

4. 处理方法

（1）更换制动器摩擦片；

（2）更换制动器弹簧。

4.7.3 张力机张力轮有异响

1. 故障现象描述

张力机张力轮有异响，见图4-16。

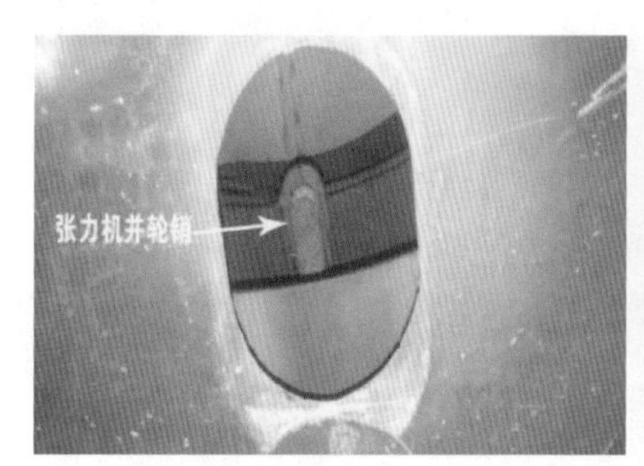

图4-16　张力轮并轮销及张力机主动齿、被动齿

2. 检查过程及方法

（1）检查齿轮与齿轮罩是否有摩擦；

（2）打开观察孔检查并轮销是否完全脱离；

（3）检查主动齿和被动齿的啮合情况，可通过拆卸顶部的上盖板观察到的主动齿和被动齿啮合情况；

（4）检查张力轮轴承部位有无异响。

3. 故障原因分析

（1）齿轮与齿轮罩有摩擦；

（2）并轮销未完全脱离；

（3）齿轮润滑不良造成磨损严重或断齿；

（4）轴承磨损。

4. 处理方法

（1）校正齿轮罩；

（2）将并轮销完全脱离并紧固锁紧螺帽；

（3）对主动齿和被动齿的啮合部位进行润滑，如齿轮磨损严重应进行更换；

（4）更换轴承。

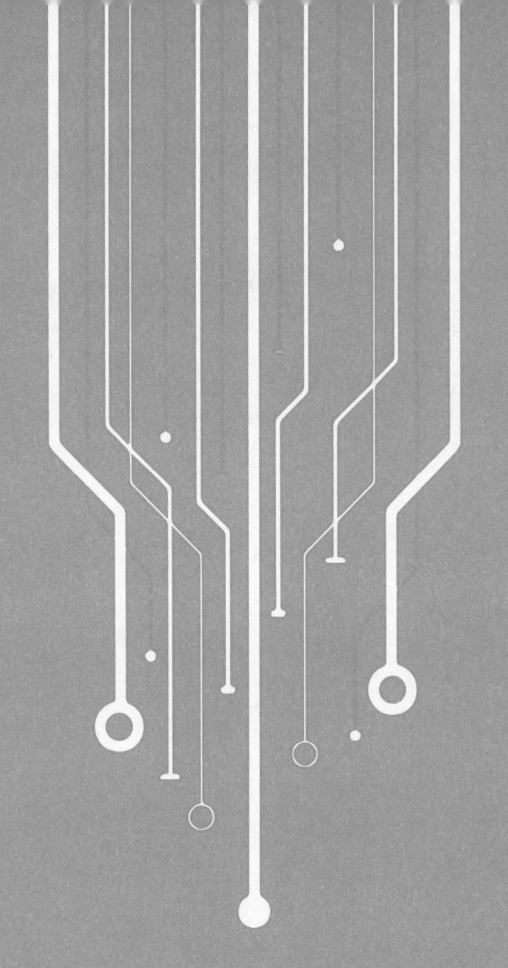

第5章

输电线路新能源牵张设备的创新展望

随着新能源技术的不断发展，新能源在电力系统中的应用越来越广泛。输电线路作为电力系统的重要组成部分，其运行状态直接影响到电力供应的稳定性和安全性。新能源牵张设备作为输电线路施工和维护中的重要设备，其性能的优劣对于新能源在输电线路中的应用具有重要意义。因此，对输电线路新能源牵张设备的创新展望进行研究，具有重要的现实意义和广阔的市场前景。

当前，架空输电线路施工使用的牵张设备主要以柴油发动机作为动力源，使用技术成熟，对架空输电线路工程建设起到了关键作用。随着机械化水平的提升，机械化施工与环境保护之间的矛盾也与日俱增。二氧化碳高排放、噪声污染、机械的使用和维护成本高等问题，均不符合国家和行业的发展期望。

纵观施工机械行业发展，自2020年起就陆续出现了技术成熟的电动卡车、装载机、挖掘机、叉车等工程机械，动力源为清洁电能，现已被市场广泛接受。

回过头再看输电线路牵张设备的发展现状，自20世纪90年代以来，我国牵张设备在控制系统上得到了有效突破，由纯液压控制发展为电路控制，并且实现了远程集中控制，让操作人员免受噪声和粉尘伤害。但除控制系统外，牵张设备的动力部分仍延续内燃机驱动方式，未做本质上的更替，在工程机械发展中已然落后。

随着环保意识的提高和能源结构的调整，节能环保已成为输电线路牵张设备的重要发展方向。采用高效节能的电机和控制算法，降低设备的能耗。利用可再生能源为设备提供动力，如太阳能、风能等。优化设备结构，采用轻量化材料，降低材料消耗和运输成本。同时，加强设备的环保设计，减少噪声、废热等对环境的影响。通过节能环保设计的应用，可以提高设备的能效和环保性能，降低运行成本和维护成本。

交直流牵张设备的应用，突显了电动化设备使用成本低、保养成本低、故障率低、使用范围更广、噪声小、维修便捷等优势，是对传统内燃机设备技术的革新。针对新能源的特点，开发适用于交直流牵张设备的能源自给系统。例如，利用太阳能、风能等可再生能源为设备提供能源，实现设备的自给自足，降低对传统能源的依赖；研究高效能量转换与储存技术，提高新能源的利用效率和设备的储能能力。通过优化能源管理策略，降低能量损失，提高设备的运行效率；同时，牵张设备的电动化应用在一定程度上影响着其他电动机具的应用程度，例如电动压接机、电动绞磨、电动剥线钳等电动工具。随着电工技术的发展，电机体积更小、控制更加灵活、能量转化效率更高，对牵张设备的驱动和控制起到了更好的推进作用。

然而，在发展新能源输电线路牵张设备的过程中，存在许多问题需要解决，如：

新能源输电线路牵张设备需要应对复杂环境和严苛的工作条件，如高海拔、山地、冰冻等地区。设备的材料、设计和制造等方面需要具备较高的技术水平和创新能力，以确保设备的可靠性和稳定性。然而，目前新能源输电线路牵张设备的核心技术尚不成熟，仍存在一些技术瓶颈，如新能源动力系统、高效能量转换与储存和模块化设计等方面的问题。此外，设备的智能化和自动化程度也需要进一步提高。因此，技术挑战是发展新能源输电线路牵张设备面临的一个重要问题。

新能源输电线路牵张设备的运行和维护需要专业的人才和技术支持。当前相关领域的培训和人才储备不足，需要加强人才培养和技术交流，提高专业人员的技能水平和综合素质。具体措施包括建立完善的培训体系、加强行业相关专业的建设和培养、开展技术交流和合作等。

新能源输电线路牵张设备作为一种新兴技术，其市场接受度有待提高。用户对设备的性能、可靠性、安全性等方面存在疑虑，需要加强宣传和推广工作，提高用户对新能源输电线路牵张设备的认知度和信任度。同时，还需要加强与用户的沟通和合作，了解用户需求和市场变化，及时调整产品和服务，提高市场竞争力。

在新时代的背景下，输电线路牵张设备电动化是时代发展的需要，牵张设备在通往电动化的道路上仍面临许多挑战，但电动化已然成为牵张设备的发展趋势，也是一次新的技术革新。最终我们需要实现的是全面“机械化+绿色”施工，向着“绿色建造”的目标不断前行。

附录A　牵张机常用配件、油品型号

表A.1　　牵张机常用配件、油品型号

牵张机常用配件、油品型号			
名称	型号	单位	适用情况
主泵骨架油封	75-120-7	mm	牵28、29、36　泵组250+125
	60-106-7（内径-外径-厚度）	mm	牵5、22、26、27　泵组180+180
	55-90-7（内径-外径-厚度）	mm	SA-QY-75牵引机
牵引机减速机轴头油封	120-150-12（内径-外径-厚度）	mm	甘肃诚信SA-QY-75牵引机
天伯伦尾架马达油封	35-57-8（内径-外径-厚度）	mm	天伯伦
牵引机马达油封	60-85-10（内径-外径-厚度）	mm	诚信小牵液压马达油封
牵引机刹车骨架油封	60-75-8（内径-外径-厚度）	mm	诚信小牵刹车骨架油封
风扇马达油封	20-35-6（内径-外径-厚度）	mm	诚信设备
天伯伦液压油	美孚 ATF-220（自动排挡液）		天伯伦
常用液压油	L-HM　46		通用
	L-HM　10		冬季
液压油滤芯	TFX-100*50（吸油滤芯）	mm	通用
	TFX-250*50（回油滤芯）	mm	张力机、25吨牵引机
	TFX-250*20（回油滤芯）	mm	SA-QY-75牵引机
液压支腿空心螺丝	ϕ16/ϕ18/ϕ22	mm	
液压支腿所用组合垫	ϕ16/ϕ18/ϕ22	mm	
液压支腿变径O型圈	ϕ14	mm	
常用润滑脂	3# 锂基脂		全机润滑
	高温润滑脂		主用于轴承润滑
常用齿轮油	100# 工业齿轮油或高速齿轮油：W85-90；W85-140		减速机齿轮油

续表

牵张机常用配件、油品型号			
名称	型号	单位	适用情况
减速机轴承	32017/32217/16012		
SA-QY-75尾架链条轴承	60 15-2RZ		甘肃诚信SA-QY-75牵引机
SA-QY-75牵引轮轴承	6420		甘肃诚信SA-QY-75牵引机
SA-QY-250牵引轮轴承	22340		甘肃诚信SA-QY-250牵引机
牵引机卷线杠轴承	6209-2RS		甘肃诚信SA-QY-250牵引机
张力机放线杠轴承	1313（调心轴轴承）		ϕ100轴杠（诚信90×2张力机）
张力机进线轮轴承	6006-2RS		诚信张力机
博大张力机进线轮轴承			博大张力机
滑车轮片轴承	62 16-2RS		1160 滑车
	62 18E-RZ		1040 滑车
	62 16-2RS		916 滑车
	不挂胶LYC-62 18E-RZ，挂胶 60 18E-RZ		822 滑车
	单轮/三轮-LYC-62 12-2RS 7 轮-60 14-2RS		660 滑车
	6208E-RZ		480 升空滑车

附录B 输电线路张力架线常用牵引机性能参数及附件尺寸参数

表B.1 输电线路张力架线常用牵引机及附件尺寸参数

序号	设备名称	规格型号	自编号	体积			设备自身重量（Kg）	设备 附件重量（Kg）				总重量（kg）
				长（mm）	宽（mm）	高（mm）		工具箱/1个	三角架/2副	卷线杠/放线杠（80mm）/2根	机头箱/2个	
1	液压牵引机	SAQ–75	牵02	4400	1900	2200	4450	80	0	80	0	4610
2	液压牵引机	WQ T80– Ⅲ	牵04	3900	1950	2150	3800	80	0	80	0	3960
3	液压牵引机	SAQ–250	牵05	5800	2300	2550	10000	120	0	140	0	10260
4	液压牵引机	P280–1H/ 1DD	牵07	5900	2350	2600	12000	120	0	140	0	12260
5	液压牵引机	SAQ–75	牵08	4200	2000	2150	4450	80	0	80	0	4610
6	液压牵引机	SAQ–75	牵09	4200	2000	2150	4450	80	0	80	0	4610
7	液压牵引机	SAQ–50	牵10	4200	2000	2150	3500	80	0	80	0	3660
8	液压牵引机	SAQ–75	牵12	4400	1900	2200	4450	80	0	80	0	4610
9	液压牵引机	S PW28	牵13	5900	2350	2600	12500	120	0	80	0	12700
10	液压牵引机	SAQ–75	牵14	4400	1900	2200	4450	80	0	80	0	4610
11	液压牵引机	SA–QY–250	牵15	5800	2300	2600	11500	120	0	140	0	11760

续表

序号	设备名称	规格型号	自编号	体积			设备自身重量（Kg）	设备 附件重量（Kg）				总重量（kg）
				长（mm）	宽（mm）	高（mm）		工具箱/1个	三角架/2副	卷线杠/放线杠（80mm）/2根	机头箱/2个	
12	液压牵引机	SA-QY-250	牵16	5800	2300	2600	11500	120	0	140	0	11760
13	液压牵引机	SAQ-75	牵18	4400	1900	2200	4450	80	0	80	0	4610
14	液压牵引机	SAQ-75	牵19	4400	1900	2200	4450	80	0	80	0	4610
15	液压牵引机	SAQ-75	牵20	4400	1900	2200	4450	80	0	80	0	4610
16	液压牵引机	SAQ-75	牵2 1	4400	1900	2200	4450	80	0	80	0	4610
17	液压牵引机	SAQ-250CX Q 250 1704	牵22	5800	2350	2550	11500	120	0	140	0	11760
18	液压牵引机	SAQ-75 CX Q075 13 109	牵23	4400	1900	2200	4450	80	0	80	0	4610
19	液压牵引机	SAQ-75 CX Q075 13 1 10	牵24	4400	1900	2200	4450	80	0	80	0	4610
20	液压牵引机	SAQ-75 CX Q075 13 1 1 1	牵25	4400	1900	2200	4450	80	0	80	0	4610
21	液压牵引机	SAQ-280	牵26	5800	2300	2600	11500	120	0	140	0	11760
22	液压牵引机	SAQ-280	牵27	5800	2300	2600	11500	120	0	140	0	11760
23	液压牵引机	SAQ-250A	牵28	5800	2300	2600	11500	120	0	140	0	11760
24	液压牵引机	SAQ-250A	牵29	5800	2300	2600	11500	120	0	140	0	11760
25	液压牵引机	SA-QY-80	牵30	4200	2250	2350	4000	80	0	80	0	4160
26	液压牵引机	SA-QY-80	牵3 1	4200	2250	2350	4000	80	0	80	0	4160

表B.2 输电线路张力架线常用牵引机主要性能参数

项目		性能参数						
产品型号		SA-QY-30	SA-QY-40	SA-QY-50	SA-QY-80	SA-QY-150	SA-QY-180	SA-QY-250
额定牵引力kN		30	40	50	80	150	180	250
最大牵引力kN		36	48	60	96	180	216	300
额定牵引速度km/h		2.5	2.5	2.5	2.5	2.5	2.5	2.5
最大牵引速度km/h		5	5	5	5	5	5	5
最大牵引速度对应 的牵引力kN		15	20	25	40	75	90	125
牵引卷筒	牵引卷筒槽底直径（最小值）mm	300	400	450	500	750	750	960
	绳槽数	6～7	6～7	7	8	9～10	9～10	10～11
	节距（最小值）mm	40	40	42	47	52	62	62
	槽深（最小值）mm	10	10	10	10	12	12	12
最大适用钢丝绳直径 mm		13	16	18	20	30	30	34

注：SA牵张机，QY液压牵引机，后面数字对应牵引机额定牵引力。

表B.3　　拖挂式80kN牵引机

性能参数：	
最大间断牵引力	90kN
最大持续牵引力	80kN
相应速度	2.5km/h
最大持续牵引速度	5km/h
相应牵引力	40kN
结构参数：	
牵引轮槽底直径	540mm
轮槽数	8
适用最大连接器直径	60mm
适用最大钢丝绳直径	21mm
电气系统	24V（带牵 引力过载保护）
最大使用绳盘尺寸	1400mm × 550mm

表B.4　　拖挂式150kN牵引机

性能参数：	
最大间断牵引力	180kN
最大持续牵引力	150kN
相应速度	2.5km/h
最大持续牵引速度	5km/h
相应牵引力	75kN
结构参数：	
牵引轮槽底直径	750mm
轮槽数	10
适用最大钢丝绳直径	30mm
电气系统	24V（带牵引力过载保护）
最大使用绳盘尺寸	1600mm*550mm

表B.5　　拖挂式250kN牵引机

性能参数：	
最大间断牵引力	280kN
最大持续牵引力	250kN
相应速度	2.5km/h
最大持续牵引速度	5km/h
相应牵引力	120kN
结构参数：	
牵引轮槽底直径	960mm
轮槽数	11
适用最大连接器直径	95mm
适用最大钢丝绳直径	38mm
电气系统	24V（带牵 引力过载保护）
最大使用绳盘尺寸	1600mm*550mm

附录C 输电线路张力架线常用张力机性能参数及附件尺寸参数

表C.1 液压张力机及附件尺寸参数

序号	设备名称	规格型号	自编号	体积			设备自身质量（kg）	设备附件质量（kg）				总质量（kg）
				长（mm）	宽（mm）	高（mm）		工具箱/1个	三脚架/2副	卷线杠/放线杠（80mm）/2根	机头箱/2个	
1	液压张力机	SAZ-30×2	张02	4500	1950	2350	4800	80	632	232	520	6264
2	液压张力机	SAZ-30×2	张03	4500	1950	2350	4800	80	632	232	520	6264
3	液压张力机	SAZ-30×2	张04	4500	1950	2350	4800	80	632	232	520	6264
4	液压张力机	WZT25-Ⅱ-1.2	张05	4400	1950	2200	4200	80	632	232	500	5644
5	液压张力机	SAZ-50×2	张06	4800	2150	2450	5500	120	632	232	540	7024
6	液压张力机	SAZ-50×2	张07	4800	2150	2450	5500	120	632	232	540	7024
7	液压张力机	SAZ-30×2	张08	4500	1950	2350	5000	80	632	232	520	6464
8	液压张力机	T100-2H/2DD	张09	4600	2150	2350	5000	80	632	220	480	6412
9	液压张力机	T100-2H/2DD	张10	4600	2150	2350	5000	80	632	220	480	6412
10	液压张力机	T100-2H/2DD	张11	4600	2150	2350	5000	80	632	220	480	6412
11	液压张力机	SAZ-40×4	张12	4800	2300	2600	11500	120	1264	464	1040	14388
12	液压张力机	SAZ-40×1	张15	4400	1850	2000	3700	80	316	116	260	4472
13	液压张力机	B1600/12×2	张16	4800	2300	2600	9900	150	1264	464	960	12738

续表

序号	设备名称	规格型号	自编号	体积			设备自身质量（kg）	设备附件质量（kg）				总质量（kg）
				长（mm）	宽（mm）	高（mm）		工具箱/1个	三脚架/2副	卷线杠/放线杠（80mm）/2根	机头箱/2个	
14	液压张力机	SAZ-30×2	张17	4500	1950	2350	5000	80	632	232	520	6464
15	液压张力机	SAZ-30×2	张18	4500	1950	2350	5000	80	632	232	520	6464
16	液压张力机	SAZ-30×2	张19	4500	1950	2350	5000	80	632	232	520	6464
17	液压张力机	SA-ZY-2×50	张20	4600	2150	2450	5500	120	632	232	520	7004
18	液压张力机	SAZ-50×2	张22	4600	2150	2450	5500	120	632	232	520	7004
19	液压张力机	SAZ-30×2	张24	4500	1950	2350	4800	80	632	232	520	6264
20	液压张力机	SA-ZY-2×65	张25	5250	2300	2600	7900	150	632	304	600	7900
21	液压张力机	SAZ-65×2	张26	5250	2300	2600	7900	150	632	304	600	9586
22	液压张力机	SAZ-65×2	张27	5250	2300	2600	7900	150	632	304	600	9586
23	液压张力机	SA-ZY-2×65	张28	5250	2300	2600	7900	150	632	304	600	7900
24	液压张力机	SA-ZY-2×50	张29	4600	2150	2450	5500	120	632	232	520	5500
25	液压张力机	SAZ-35×2	张31	4500	2100	2350	5000	80	632	232	520	6464
26	液压张力机	SAZ-70×2	张32	5250	2300	2600	7930	150	680	304	600	9664
27	液压张力机	SA-ZY-70×2	张33	5250	2300	2600	7930	150	680	304	600	9664
28	液压张力机	SAZ-90×2	张34	5500	2400	2900	9300	150	680	304	600	11034
29	液压张力机	SAZ-90×2	张35	5500	2400	2900	9300	150	680	304	600	11034
30	液压张力机	SAZ-90×2	张36	5500	2400	2900	9300	150	680	304	600	11034
31	液压张力机	SAZ-90×2	张37	5500	2400	2900	9300	150	680	304	600	11034

续表

序号	设备名称	规格型号	自编号	体积			设备自身质量（kg）	设备附件质量（kg）				总质量（kg）
				长（mm）	宽（mm）	高（mm）		工具箱/1个	三脚架/2副	卷线杠/放线杠（80mm）/2根	机头箱/2个	
32	液压张力机	SA-ZY-2×80	张38	5200	2300	2950	9800	150	680	304	600	11534
33	液压张力机	SA-ZY-2×80	张39	5200	2300	2950	9800	150	680	304	600	11534
34	液压张力机	SAZ-2×60	张40	5250	2300	2600	7930	150	680	304	600	9664
35	液压张力机	SAZ-2×60	张41	5250	2300	2600	7930	150	680	304	600	9664
36	液压张力机	SAZ-2×60	张42	5250	2300	2600	7930	150	680	304	600	9664

表C.2　　液压牵引机及附件尺寸参数

序号	设备名称	规格型号	自编号	体积			设备自身质量（kg）	设备附件质量（kg）				总质量（kg）
				长（mm）	宽（mm）	高（mm）		工具箱/1个	三脚架/2副	卷线杠/放线杠（80mm）/2根	机头箱/2个	
1	液压牵引机	SAQ-75	牵02	4400	1900	2200	4450	80	0	80	0	4610
2	液压牵引机	WQT80-Ⅲ	牵04	3900	1950	2150	3800	80	0	80	0	3960
3	液压牵引机	SAQ-250	牵05	5800	2300	2550	10000	120	0	140	0	10260
4	液压牵引机	P280-1H/1DD	牵07	5900	2350	2600	12000	120	0	140	0	12260
5	液压牵引机	SAQ-75	牵08	4200	2000	2150	4450	80	0	80	0	4610
6	液压牵引机	SAQ-75	牵09	4200	2000	2150	4450	80	0	80	0	4610
7	液压牵引机	SAQ-50	牵10	4200	2000	2150	3500	80	0	80	0	3660
8	液压牵引机	SAQ-75	牵12	4400	1900	2200	4450	80	0	80	0	4610

续表

序号	设备名称	规格型号	自编号	体积			设备自身质量（kg）	设备附件质量（kg）				总质量（kg）
				长（mm）	宽（mm）	高（mm）		工具箱/1个	三脚架/2副	卷线杠/放线杠（80mm）/2根	机头箱/2个	
9	液压牵引机	SPW28	牵13	5900	2350	2600	12500	120	0	80	0	12700
10	液压牵引机	SAQ-75	牵14	4400	1900	2200	4450	80	0	80	0	4610
11	液压牵引机	SA-QY-250	牵15	5800	2300	2600	11500	120	0	140	0	11760
12	液压牵引机	SA-QY-250	牵16	5800	2300	2600	11500	120	0	140	0	11760
13	液压牵引机	SAQ-75	牵18	4400	1900	2200	4450	80	0	80	0	4610
14	液压牵引机	SAQ-75	牵19	4400	1900	2200	4450	80	0	80	0	4610
15	液压牵引机	SAQ-75	牵20	4400	1900	2200	4450	80	0	80	0	4610
16	液压牵引机	SAQ-75	牵21	4400	1900	2200	4450	80	0	80	0	4610
17	液压牵引机	SAQ-250CXQ 2501704	牵22	5800	2350	2550	11500	120	0	140	0	11760
18	液压牵引机	SAQ-75 CXQ07513109	牵23	4400	1900	2200	4450	80	0	80	0	4610
19	液压牵引机	SAQ-75 CXQ07513110	牵24	4400	1900	2200	4450	80	0	80	0	4610
20	液压牵引机	SAQ-75 CXQ07513111	牵25	4400	1900	2200	4450	80	0	80	0	4610
21	液压牵引机	SAQ-280	牵26	5800	2300	2600	11500	120	0	140	0	11760
22	液压牵引机	SAQ-280	牵27	5800	2300	2600	11500	120	0	140	0	11760
23	液压牵引机	SAQ-250A	牵28	5800	2300	2600	11500	120	0	140	0	11760
24	液压牵引机	SAQ-250A	牵29	5800	2300	2600	11500	120	0	140	0	11760
25	液压牵引机	SA-QY-80	牵30	4200	2250	2350	4000	80	0	80	0	4160
26	液压牵引机	SA-QY-80	牵31	4200	2250	2350	4000	80	0	80	0	4160

表C.3　输电线路张力架线常用张力机主要性能参数

项目		性能参数												
产品型号		SA-ZY-30	SA-ZY-40	SA-ZY-50	SA-ZY-60	SA-ZY-2×25	SA-ZY-2×30	SA-ZY-2×35	SA-ZY-2×40	SA-ZY-2×50	SA-ZY-2×60	SA-ZY-2×70	SA-ZY-2×80	SA-ZY-2×100
额定张力（kN）		30	40	50	60	2×25（并轮1×50）	2×30（并轮1×60）	2×35（并轮1×70）	2×40（并轮1×80）	2×50（并轮1×100）	2×60（并轮1×120）	2×70（并轮1×140）	2×80（并轮1×160）	2×100（并轮1×200）
最大张力（kN）		33	44	55	66	2×30（并轮1×60）	2×35（并轮1×70）	2×40（并轮1×80）	2×45（并轮1×90）	2×55（并轮1×110）	2×70（并轮1×140）	2×80（并轮1×160）	2×90（并轮1×180）	2×110（并轮1×220）
额定放线速度（km/h）		2.5	2.5	2.5	2.5	2.5	2.5	2.5	2.5	2.5	2.5	2.5	2.5	2.5
最大放线速度（km/h）		5	5	5	5	5	5	5	5	5	5	5	5	5
最大放线速度对应张力（kN）		15	20	25	30	2×12.5（并轮1×25）	2×15（并轮1×30）	2×20（并轮1×40）	2×20（并轮1×40）	2×25（并轮1×50）	2×30（并轮1×60）	2×35（并轮1×70）	2×40（并轮1×80）	2×50（并轮1×100）
放线卷筒	放线卷筒槽底直径（最小值）（mm）	1200	1500	1500	1700	1200	1200	1300	1500	1500	1700	1700	1850	2200
	槽数（最小值）	5	5	5	5	5	5	5	5	5	6	6	6	6
	节距（最小值）（mm）	55	55	55	55	55	42	55	48	55	55	60	65	78
	槽深（最小值）（mm）	13	13	13	12	12	13	13	13	13	13	13	17	18
导线轴架	轴架 中心高（最小值）（mm）	1250	1250	1250	1500	1500	1250	1500	1250	1250	1250	1500	1500	1500
	导线盘轴长（最小值）（mm）	2050	2050	2050	2500	2500	2350	2500	2350	2350	2350	2500	2500	2500
	轴直径（mm）	70	70	70	100～120	100～120	70～100	100～120	80～100	80～100	80～100	100～120	100	100
	额定载荷（kN）	50	50	50	150	150	50	150	60	80	80	150	150	150
	导线轴架张力（kN）	0～3	0～3	0～3	0～3	0～3	0～3	0～3	0～3	0～3	0～3	0～3	0～3	0～3
	液压油管长度（最小值）（mm）	15000	15000	15000	20000	20000	15000	20000	15000	15000	15000	20000	15000	15000
结构形式		单桥拖挂式	单桥拖挂式	单桥拖挂式	单桥拖挂式	单桥拖挂式	单桥拖挂式	单桥拖挂式	单桥拖挂式	单桥拖挂式	单桥拖挂式	单桥拖挂式	单桥拖挂式	单桥拖挂式
传动系统		具有控制和冷却装置的闭式液压传动	具有控制和冷却装置的闭式液压传动	具有控制和冷却装置的闭式液压传动	具有控制和冷却装置的闭式液压传动	具有控制和冷却装置的闭式液压传动	具有控制和冷却装置的闭式液压传动	具有控制和冷却装置的闭式液压传动	具有控制和冷却装置的闭式液压传动	具有控制和冷却装置的闭式液压传动	具有控制和冷却装置的闭式液压传动	具有控制和冷却装置的闭式液压传动	具有控制和冷却装置的闭式液压传动	具有控制和冷却装置的闭式液压传动

续表

项目	性能参数												
前支腿	液压升降形式	液压升降形式	液压升降形式	液压升降形式	液压升降形式	液压升降形式	液压升降形式	液压升降形式	液压升降形式	液压升降形式	液压升降形式	液压升降形式	液压升降形式
适用最大导线直径（mm）	32.5	32.5	40	32.5	32.5	32.5	35	40	40	45	45	48.7	48.7
进线轮至 出线端导线长度（单轮）(mm)	35000	50000	50000	51000	35000	35000	38000	50000	50000	51000	51000	65000	80000
张力机放线杠 中心点至进线轮的安全距离（mm）	≥10000	≥10000	≥10000	≥10000	≥10000	≥10000	≥10000	≥10000	≥10000	≥10000	≥10000	≥10000	≥10000
张力机尾架驱动方式	液压	液压	液压	液压	液压	液压	液压	液压	液压	液压	液压	液压	液压
张力轮节距（mm）	55	55	55	55	55	42	55	48	55	55	60	65	78

注：1. SA表示牵张机，QY表示液压牵引机，ZY液压张力机后面数字对应牵引机吨位，“2×”就是两轮张力机，4表示4轮张力机。
2. 德国张力机B 1600 12×2，1600代表槽底直径，12×2代表张力机吨位，1个轮子为12t。
3. 德国牵引机SPW280为28t牵引机。
4. 天伯伦牵引机型号P280-1H-1DD。
5. 天伯伦张力机型号T100-2H-2DD。
6. 河南一张四型号SA-ZY-4×50，除了是四轮其他和2×50张力机参数一样。
7. 甘肃一张四型号SAZ-40×4，除了是四轮其他和2×40张力机参数一样。

表C.4　拖挂式2×50kN张力机

性能参数：	
最大间断张力	2×60kN或1×120kN
最大持续张力	2×50kN或1×100kN
相应速度	2.5km/h
最大持续放线速度	5km/h
相应张力	2×25kN
最大反牵引力	50kN
最大持续牵引速度	5km/h
结构参数：	
张力轮槽底直径	1500mm
轮槽数	5
张力轮节距	55mm
使用最大导线直径	40mm
电气系统	24V

表C.5　拖挂式2×60kN张力机

性能参数：	
最大间断张力	2×70kN或1×140kN
最大持续张力	2×60kN或1×120kN
相应速度	2.5km/h
最大持续放线速度	5km/h
相应张力	2×30kN或1×60kN
最大反牵引力	2×60kN或1×120kN
最大持续牵引速度	5km/h
结构参数：	
张力轮槽底直径	1700mm
轮槽数	5
张力轮节距	55mm
使用最大导线直径	45mm
电气系统	24V

表C.6　　拖挂式2×80kN 张力机

性能参数：	
最大间断张力	2×100kN或1×200kN
最大持续张力	2×80kN或1×160kN
相应速度	2.5km/h
最大持续放线速度	5km/h
相应张力	2×40kN或1×80kN
最大反牵引力	70kN
最大持续牵引速度	5km/h
结构参数：	
张力轮槽底直径	1700mm
轮槽数	6
使用最大导线直径	48.5mm
张力轮节距	65mm
电气系统	24V

附录D 机油具体各黏度适用温度

	黏度级别	适用的气温范围℃	季节
机油具体各黏度适用温度	30	0 ~ +30	夏季
	40	0 ~ +40	夏季
	50	5 ~ +40	夏季
	5W/30	–25 ~ +30	冬季
	5W/40	–25 ~ +40	冬季
	10W/30	–20 ~ +30	冬季
	10W/40	–20 ~ +40	冬夏通用
	15W/40	–15 ~ +40	冬夏通用
	20W/50	–10 ~ +50	夏季

附录E　气门间隙调节

E.1 气门间隙参数

表E.1　　气门间隙参数

发动机型号	进气门（丝）	排气门（丝）
道依茨	30	35
潍柴	30	35
康明斯B系列	25	50
康明斯C系列	30	60

E.2 气门调整方法

（1）逐缸调：调一缸气门看六缸进气门，进气门点头就是一缸的气门关闭，同理，调二缸气门看五缸进气门，调三缸气门看四缸进气门。

（2）两边调法：看皮带轮或飞轮的记号，零点对到刻线，有可能是一缸，也可能是六缸，如果说在一缸的位置，调气门的顺序为一、二、三、六、七、十，再转动发动机一圈至零点位置，如果是六缸，调整气门的顺序是四、五、八、九、十一、十二。

（3）拆开高压油泵上的高压管，把点火锁打到一档，观察高压泵出油口，哪个缸出油就调整那个缸的气门。

调整螺丝的时候需要调整的角度，松开气门调整螺丝背帽，转动气门调整螺丝，刚好顶到气门杆（不能顶得太紧也不能顶得太松），然后回转90°为25个丝、回转180°为50个丝，依次类推。

附录F　牵张设备发动机信息

表F.1　　牵张设备发动机信息

序号	设备名称	设备型号	自编号	发动机型号	功率（kW）	发动机生产厂家
1	液压牵引机	SAQ–250	牵05	BF6M1015C	286	德国道依茨
2	液压牵引机	P280–1H/1DD	牵07	LGK02443	280	美国卡特
3	液压牵引机	SAQ–75	牵08	BF6L913	118	德国道依茨
4	液压牵引机	SAQ–75	牵09	BF6L913	118	德国道依茨
5	液压牵引机	SAQ–50	牵10	BF4L913	78	德国道依茨
6	液压牵引机	SAQ–75	牵12	BF6L913	118	德国道依茨
7	液压牵引机	SPW28	牵13	TCD2015V06	360	德国道依茨
8	液压牵引机	SAQ–75	牵14	BF6L913	118	德国道依茨
9	液压牵引机	SAQ–250	牵15	BF6M1015C	286	德国道依茨
10	液压牵引机	SAQ–250	牵16	BF6M1015C	286	德国道依茨
11	液压牵引机	SAQ–75	牵18	BF6L913	118	德国道依茨
12	液压牵引机	SAQ–75	牵19	BF6L913	118	德国道依茨
13	液压牵引机	SAQ–75	牵20	BF6L914	136	德国道依茨
14	液压牵引机	SAQ–75	牵21	BF6L914	136	德国道依茨
15	液压牵引机	SAQ–250CXQ 2501704	牵22	BF6M1015C	286	德国道依茨
16	液压牵引机	SAQ–75 CXQ07513109	牵23	BF6L914	136	德国道依茨
17	液压牵引机	SAQ–75 CXQ07513110	牵24	BF6L914	136	德国道依茨
18	液压牵引机	SAQ–75 CXQ07513111	牵25	BF6L914	136	德国道依茨
19	液压牵引机	SAQ–280	牵26	BF6M1015C	286	德国道依茨
20	液压牵引机	SAQ–280	牵27	BF6M1015C	286	德国道依茨
21	液压牵引机	SAQ–250A	牵28	BF6M1015C	286	德国道依茨
22	液压牵引机	SAQ–250A	牵29	BF6M1015C	286	德国道依茨
23	液压牵引机	SA–QY–80	牵30	6BTA5.9–C180	132	康明斯

续表

序号	设备名称	设备型号	自编号	发动机型号	功率（kW）	发动机生产厂家
24	液压牵引机	SA-QY-80	牵31	6BTA5.9-C180	132	康明斯
25	液压牵引机	SA-QY-250	牵32	NTA855-C450	335	康明斯
26	液压牵引机	SA-QY-250	牵33	NTA855-C450	335	康明斯
27	液压牵引机	SA-QY-80	牵34	WP4G160E	136	潍柴动力
28	液压牵引机	SA-QY-80	牵35	WP4G160E	136	潍柴动力
29	液压牵引机	SA-QY-250	牵36	BF6M1015C	286	潍柴动力
30	液压牵引机	SA-QY-80	牵37	6BTA5.9-C180	132	康明斯
31	液压牵引机	SA-QY-80	牵38	QSB5.9-C180	133	康明斯
32	液压牵引机	SA-QY-80	牵39	QSB5.9-C180	133	康明斯
33	液压牵引机	SA-QY-80	牵40	QSB5.9-C180	133	康明斯
34	液压牵引机	SA-QY-80	牵41	QSB5.9-C180	133	康明斯
35	液压牵引机	SA-QY-180	牵42	QSL8.9-C360	264	康明斯
36	液压牵引机	SA-QY-180	牵43	QSL8.9-C360	264	康明斯
37	液压张力机	SAZ-30×2	张03	F4L912	51	德国道依茨
38	液压张力机	SAZ-30×2	张04	F4L912	51	德国道依茨
39	液压张力机	SAZ-50×2	张06	F4L913	56	德国道依茨
40	液压张力机	SAZ-50×2	张07	F4L913	56	德国道依茨
41	液压张力机	SAZ-30×2	张08	F4L912	51	德国道依茨
42	液压张力机	T100-2H/2DD	张09	219-7588	40	美国卡特
43	液压张力机	T100-2H/2DD	张10	219-7588	40	美国卡特
44	液压张力机	T100-2H/2DD	张11	219-7588	40	美国卡特
45	液压张力机	SAZ-40×4	张12	BF4L2011	53.5	德国道依茨
46	液压张力机	SAZ-40×1	张15	F4L2011	44	德国道依茨
47	液压张力机	B1600/12×2	张16	BF4M2012	103	德国道依茨
48	液压张力机	SAZ-30×2	张17	F4L912	51	德国道依茨
49	液压张力机	SAZ-30×2	张18	F4L912	51	德国道依茨
50	液压张力机	SAZ-30×2	张19	F4L912	51	德国道依茨
51	液压张力机	SAZ-50×2	张20	BF4L2011	53.5	德国道依茨

续表

序号	设备名称	设备型号	自编号	发动机型号	功率（kW）	发动机生产厂家
52	液压张力机	SAZ–50 × 2	张 22	BF4L2011	53.5	德国道依茨
53	液压张力机	SAZ–30 × 2	张 24	F4L914	56	德国道依茨
54	液压张力机	SAZ–65 × 2	张 25	BF4L2011	53.5	德国道依茨
55	液压张力机	SAZ–65 × 2	张 26	BF4L2011	53.5	德国道依茨
56	液压张力机	SAZ–65 × 2	张 27	BF4L2011	53.5	德国道依茨
57	液压张力机	SAZ–65 × 2	张 28	BF4L2011	53.5	德国道依茨
58	液压张力机	SAZ–50 × 2	张 29	BF4L2011	53.5	德国道依茨
59	液压张力机	SAZ–35 × 2	张 31	BF4L2011	53.5	德国道依茨
60	液压张力机	SAZ–70 × 2	张 32	BF4L2011	53.5	德国道依茨
61	液压张力机	SAZ–70 × 2	张 33	BF4L2011	53.5	德国道依茨
62	液压张力机	SAZ–90 × 2	张 34	BF4L2011	53.5	德国道依茨
63	液压张力机	SAZ–90 × 2	张 35	BF4L2011	53.5	德国道依茨
64	液压张力机	SAZ–90 × 2	张 36	BF4L2011	53.5	德国道依茨
65	液压张力机	SAZ–90 × 2	张 37	BF4L2011	53.5	德国道依茨
66	液压张力机	SA–ZY–2 × 80	张 38	4BTA3.9–C130	97	康明斯
67	液压张力机	SA–ZY–2 × 80	张 39	4BTA3.9–C130	97	康明斯
68	液压张力机	SAZ–2 × 60	张 40	4BTA3.9–C80	60	康明斯
69	液压张力机	SAZ–2 × 60	张 41	4BTA3.9–C80	60	康明斯
70	液压张力机	SAZ–2 × 60	张 42	4BTA3.9–C80	60	康明斯
71	液压张力机	SAZ–50 × 4	张 43	4BTA3.9–C130	97	康明斯
72	液压张力机	SAZ–50 × 4	张 44	4BTA3.9–C130	97	康明斯
73	液压张力机	SAZ–50 × 4	张 45	4BTA3.9–C130	97	康明斯
74	液压张力机	SA–ZY–2 × 50	张 46	QSB3.9–C125	93	康明斯
75	液压张力机	SA–ZY–2 × 50	张 47	QSB3.9–C125	93	康明斯
76	液压张力机	SA–ZY–2 × 50	张 48	QSB3.9–C125	93	康明斯
77	液压张力机	SA–ZY–2 × 50	张 49	QSB3.9–C125	93	康明斯
78	液压张力机	SA–ZY–2 × 50	张 50	QSB3.9–C125	93	康明斯

附录G　常见电气元件符号

表G.1　　　　　　　　常见电气元件图形符号表

类别	名称	图形符号	文字符号	类别	名称	图形符号	文字符号
开关	单极控制开关	或	SA	位置开关	常开触头		SQ
	手动开关一般符号		SA		常闭触头		SQ
	三极控制开关		QS		复合触头		SQ
	三极隔离开关		QS	按钮	常开按钮		SB
	三极负荷开关		QS		常闭按钮		SB
	组合旋钮开关		QS		复合按钮		SB
	低压断路器		QF		急停按钮		SB
	控制器或操作开关	后 前 2 1 0 1 2	SA		钥匙操作式按钮		SB
电磁操作器	电磁铁的一般符号	或	YA		常闭触头		KV
	电磁吸盘		YH	电动机	三相笼型异步电动机	M 3~	M
	电磁离合器		YC		三相绕线转子异步电动机	M 3~	M

续表

类别	名称	图形符号	文字符号	类别	名称	图形符号	文字符号
电磁操作器	电磁制动器		YB	电动机	他励直流电动机		M
	电磁阀		YV		并励直流电动机		M
发电机	发电机		G	变压器	单相变压器		TC
	直流测速发电机		TG		三相变压器		TM
灯	信号灯（指示灯）		HL	互感器	电压互感器		TV
	照明灯		EL		电流互感器		TA
接插器	插头和插座	或	X 插头XP 插座XS		电抗器		L

表G.2　　常见液压元件图形符号表

名称		符号	说明
液压泵	液压泵		一般符号
	双向定量液压泵		双向旋转，双向流动，定排量
	双向变量液压泵		双向旋转，双向流动，变排量
液压马达	液压马达		一般符号

续表

名称		符号	说明
液压马达	单向定量液压马达		单向流动，单向旋转
	双向定量液压马达		双向流动，双向旋转，定排量
油缸	单活塞杆缸	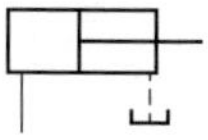	
	伸缩缸	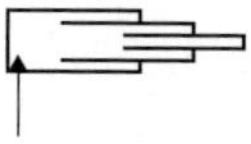	
溢流阀	溢流阀	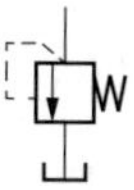	一般符号或直动型溢流阀
	先导型溢流阀	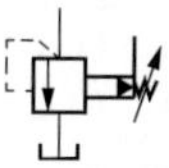	
减压阀	减压阀	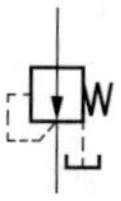	一般符号或直动型减压阀
	先导型比例电磁式溢流减压阀	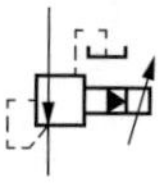	
顺序阀	顺序阀	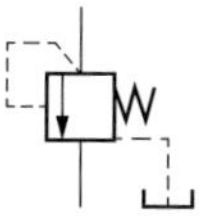	一般符号
	先导型顺序阀	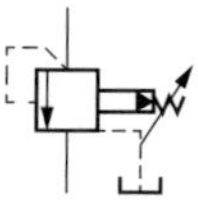	
	单向顺序阀（平衡阀）	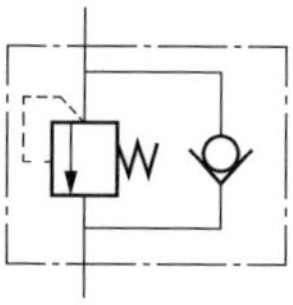	
单向阀	单向节流阀	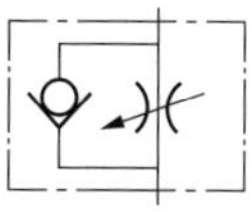	

续表

名称		符号	说明
单向阀	截止阀		
	单向阀		简化符号（弹簧可省略）
	双液控单向阀	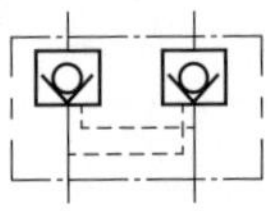	
换向阀	二位二通电磁阀	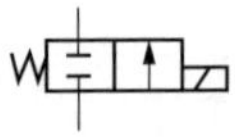	
	二位三通电磁阀	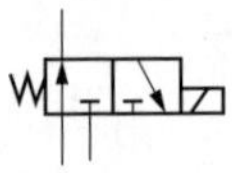	
	三位四通电磁阀	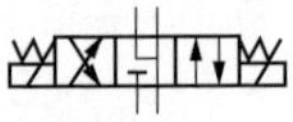	
	三位六通手动阀		
节流阀	可调节流阀		简化符号
	不可调节流阀		一般符号

附录H 电气原理图

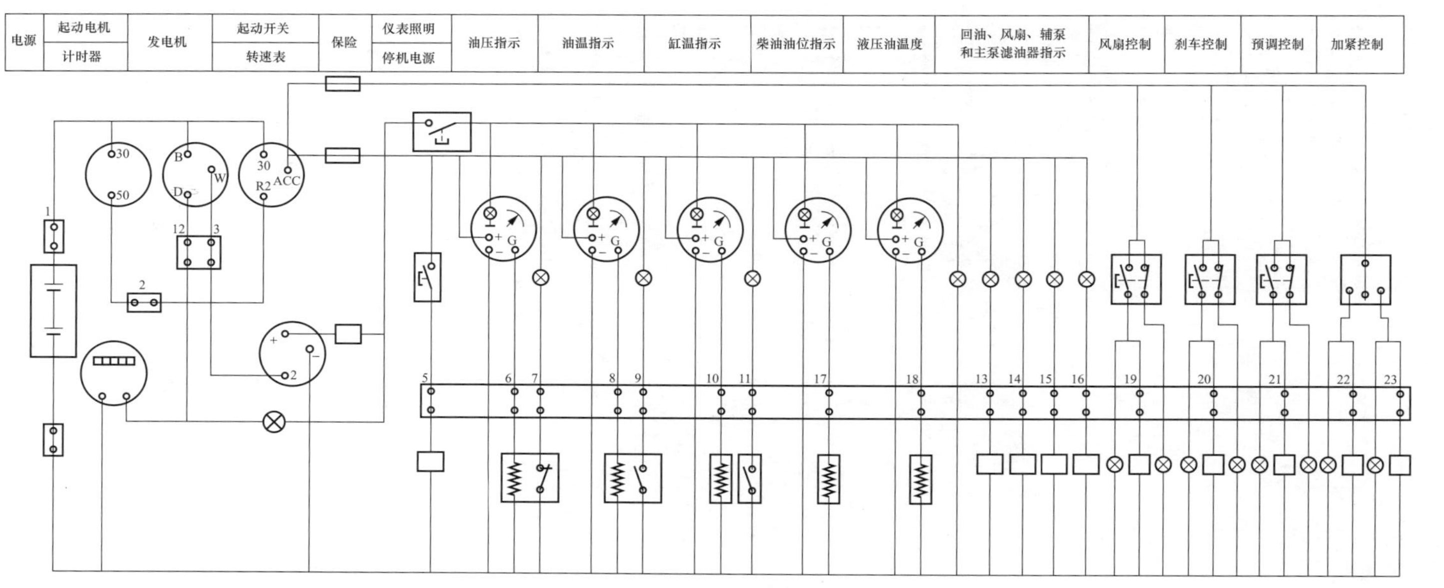

图H.1 SAQ-50电气原理图

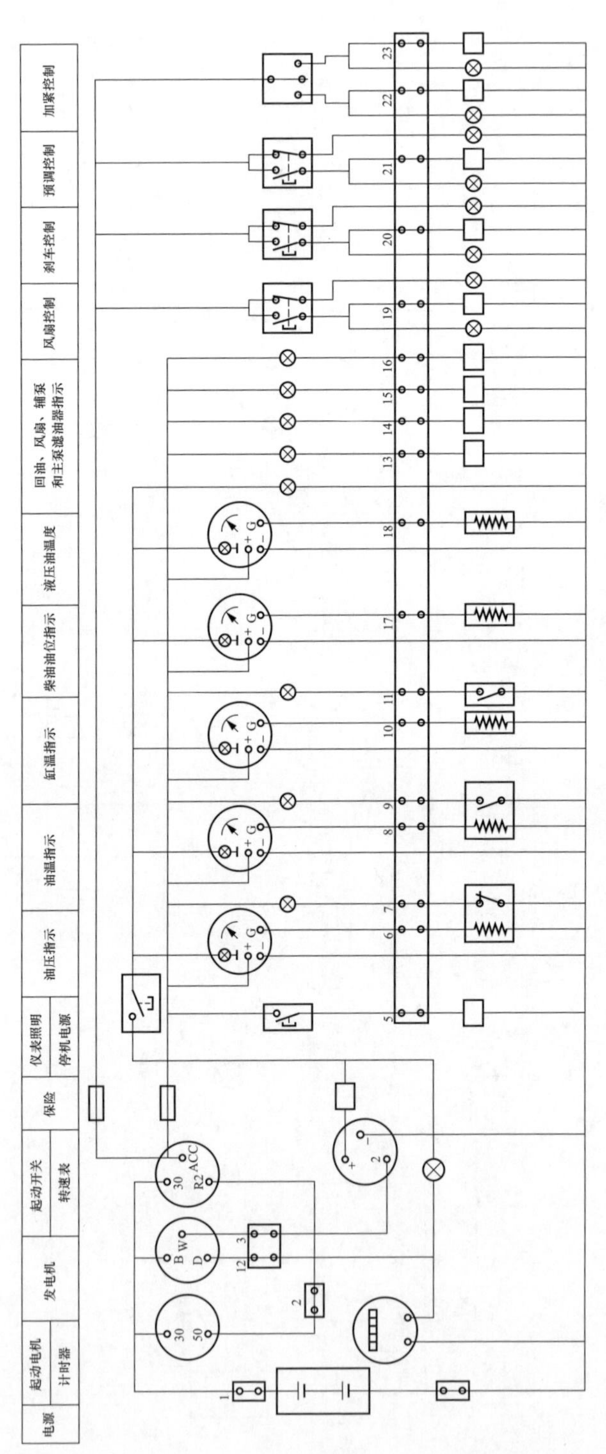

图H.2 SAQ-75电气原理图

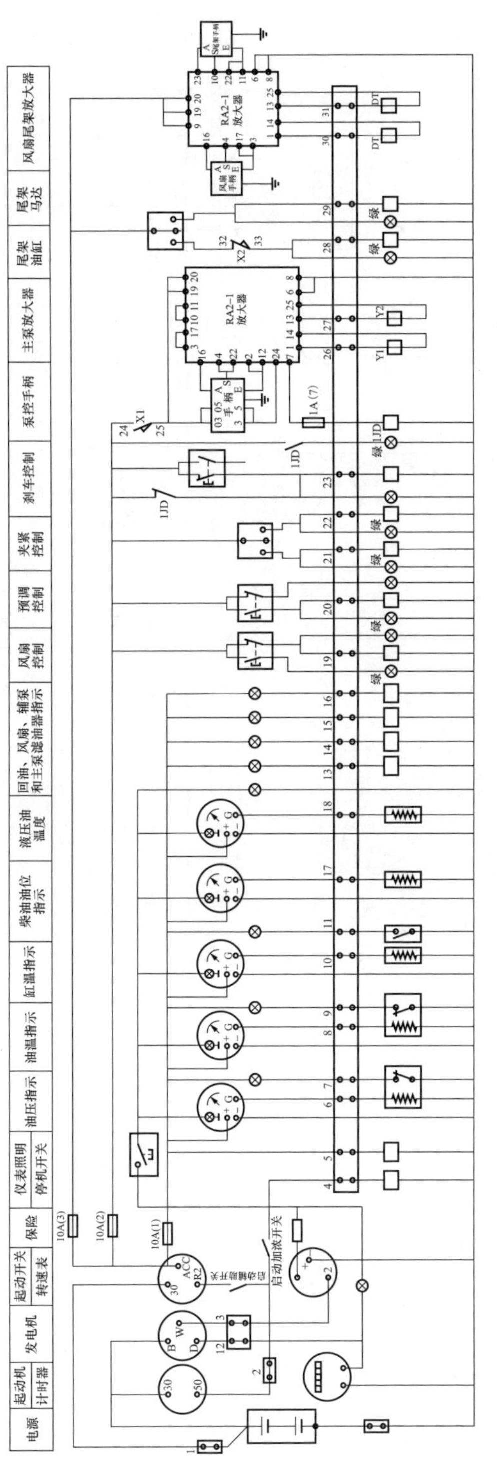

图 H.3　SAQ-75 电气原理图（放大器）

注：1. X1 是夹紧行程开关，X2 是尾架限位开关。

2. 主泵 28 号为靠近大梁侧，27 号远梁侧。

3. 起升旋转 34 号靠近油箱，33 号远油箱。

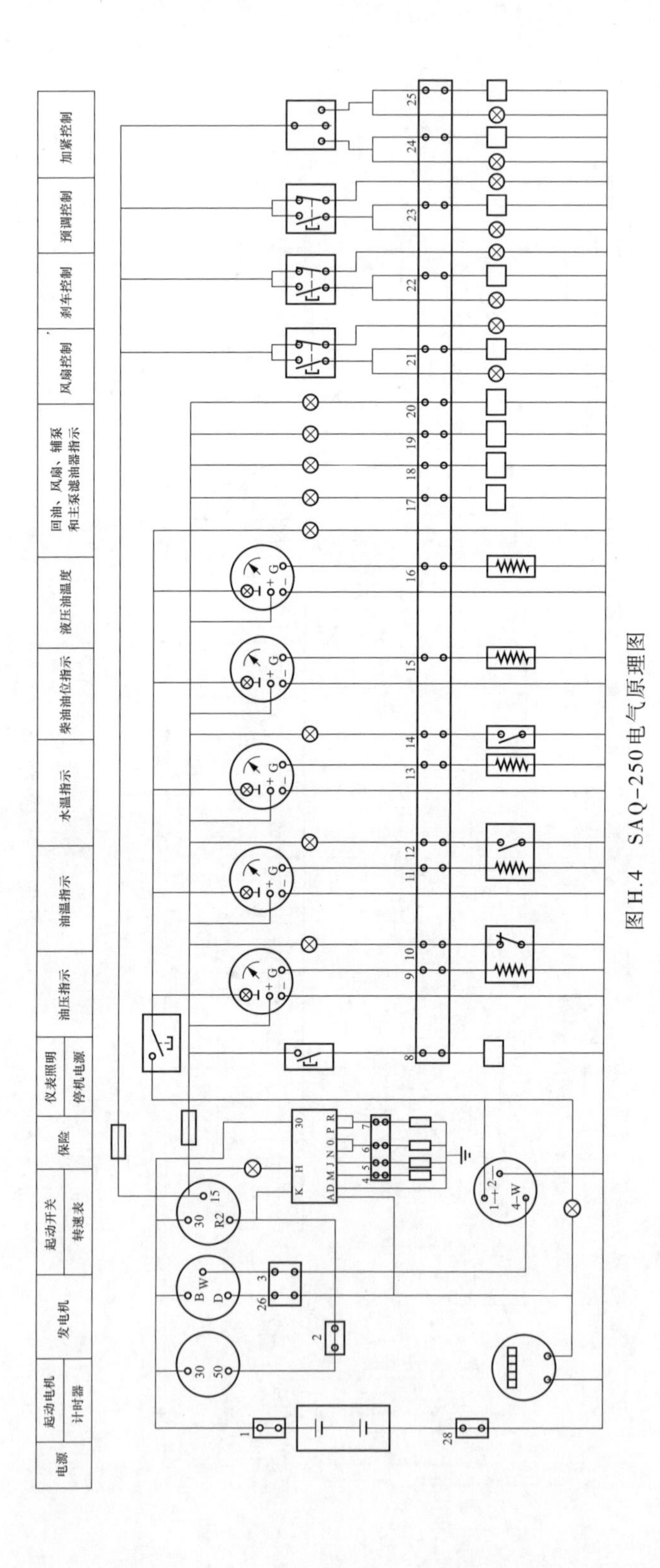

图H.4 SAQ-250电气原理图

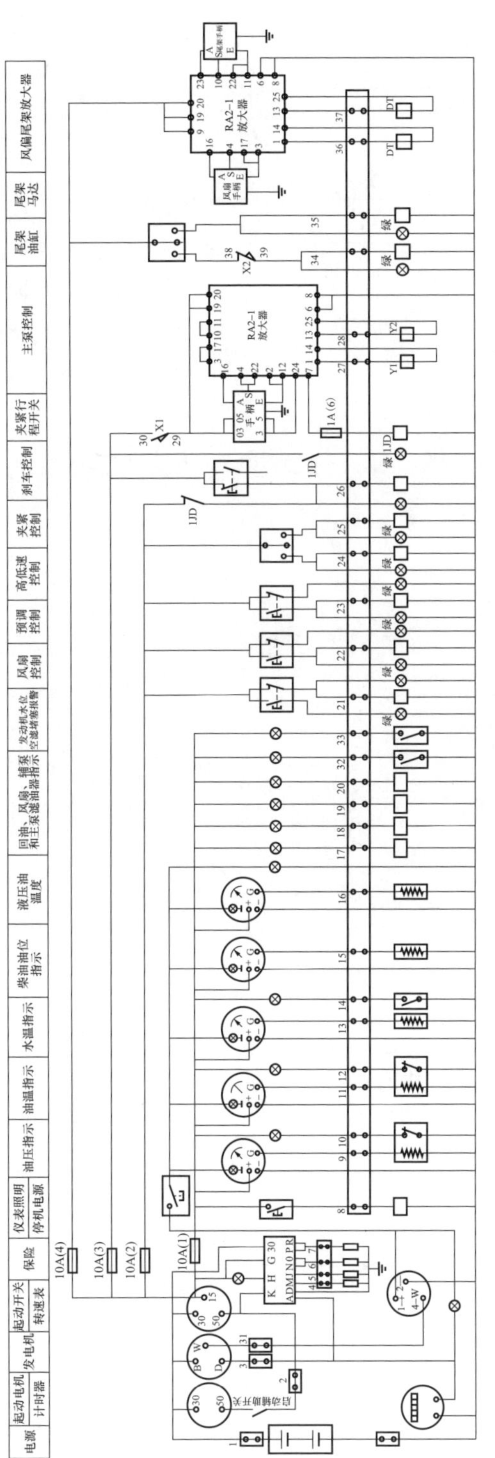

图H.5　SAQ-250电气原理图（放大器）

注：1. X1是夹紧行程开关，X2是尾架限位开关。
2. 主泵28号为靠近大梁侧，27号远梁侧。
3. 起升旋转34号靠近油箱，33号远油箱。

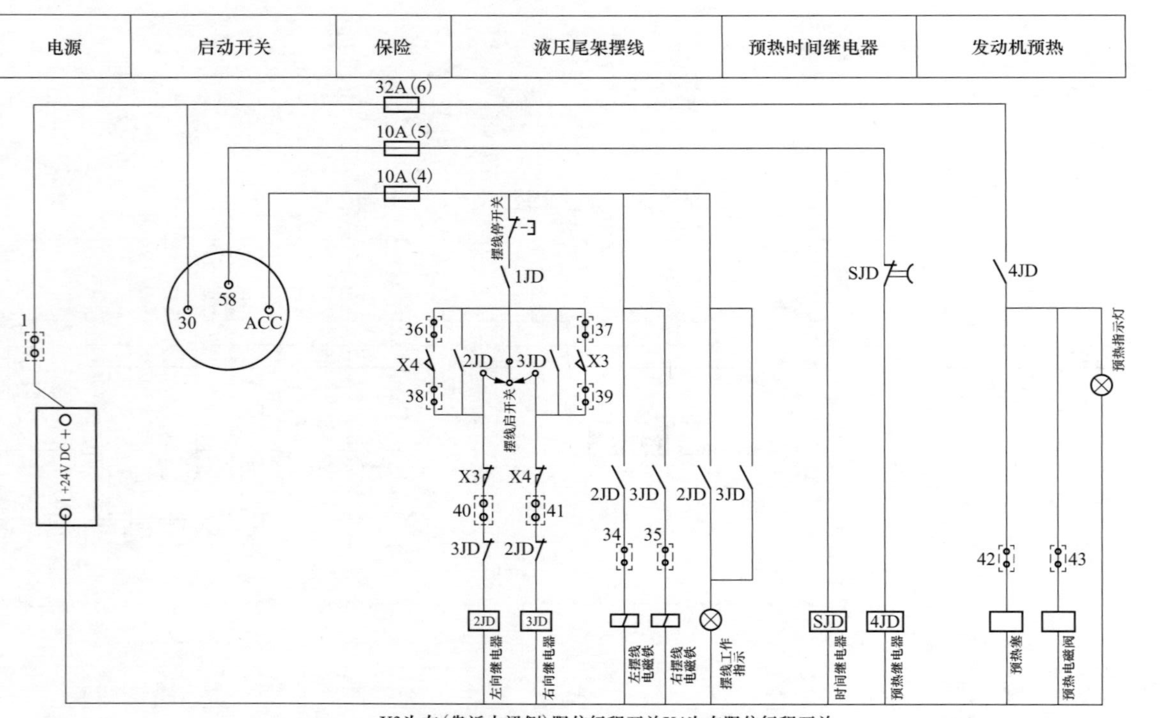

图 H.6　尾架摆线电气原理图

注：图中2JD和3JD为摆线器左、右摆线继电器。X3、X4为行程开关。摆线器常见故障为行程开关、继电器损坏造成摆线不正常。更换行程开关、继电器时应注意接线正确。

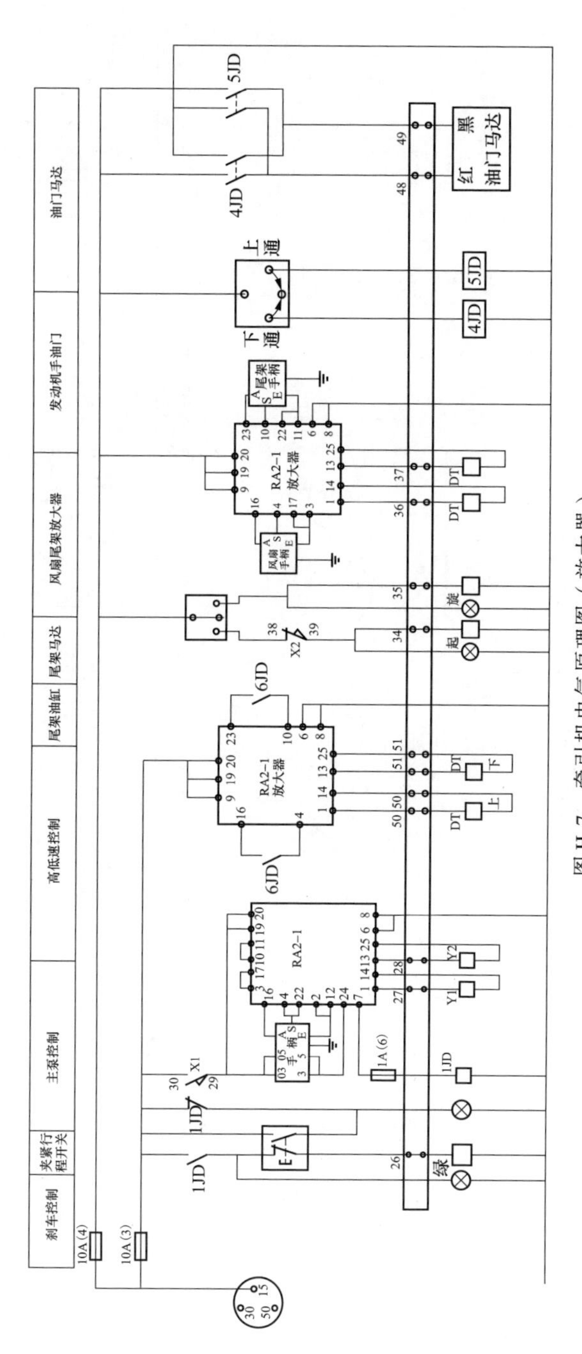

图H.7 牵引机电气原理图（放大器）

注：1. X1是夹紧行程开关，X2是尾架限位开关。

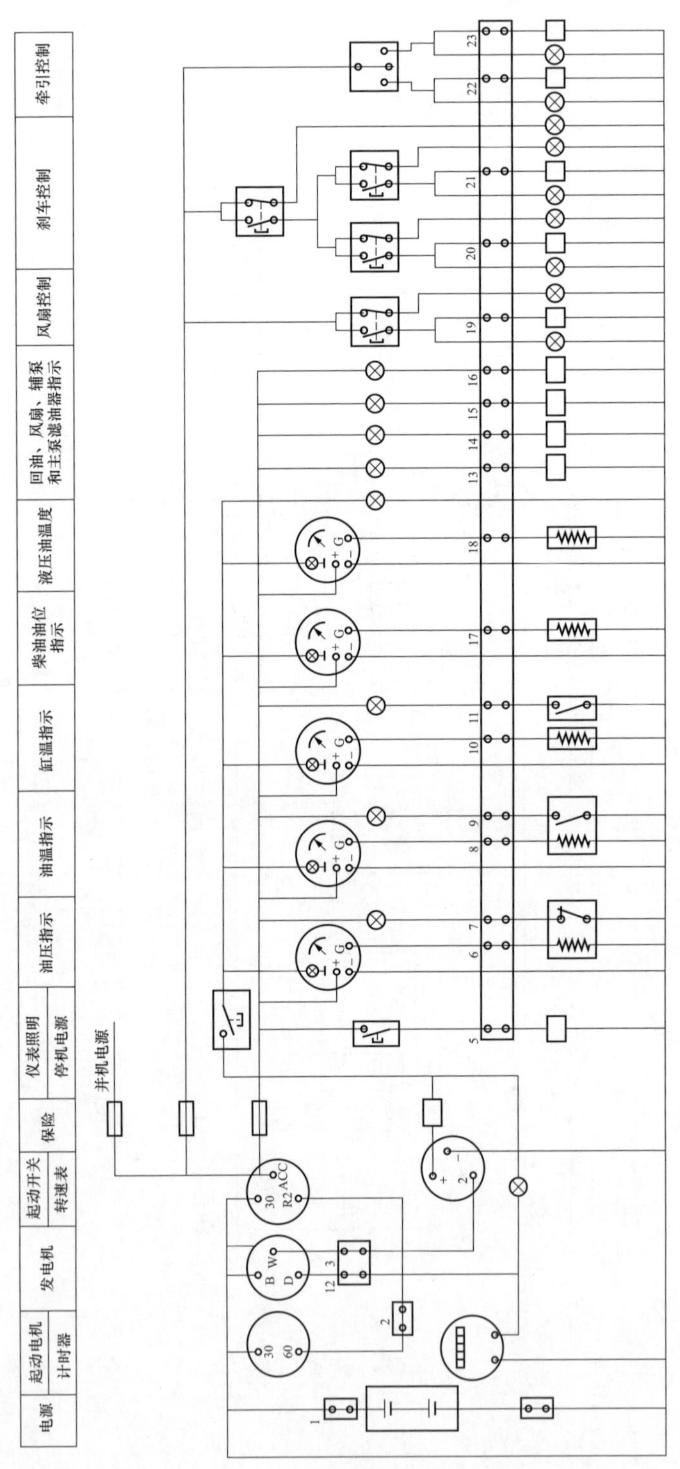

图H.8　SAZ-30（35）×2电气原理图

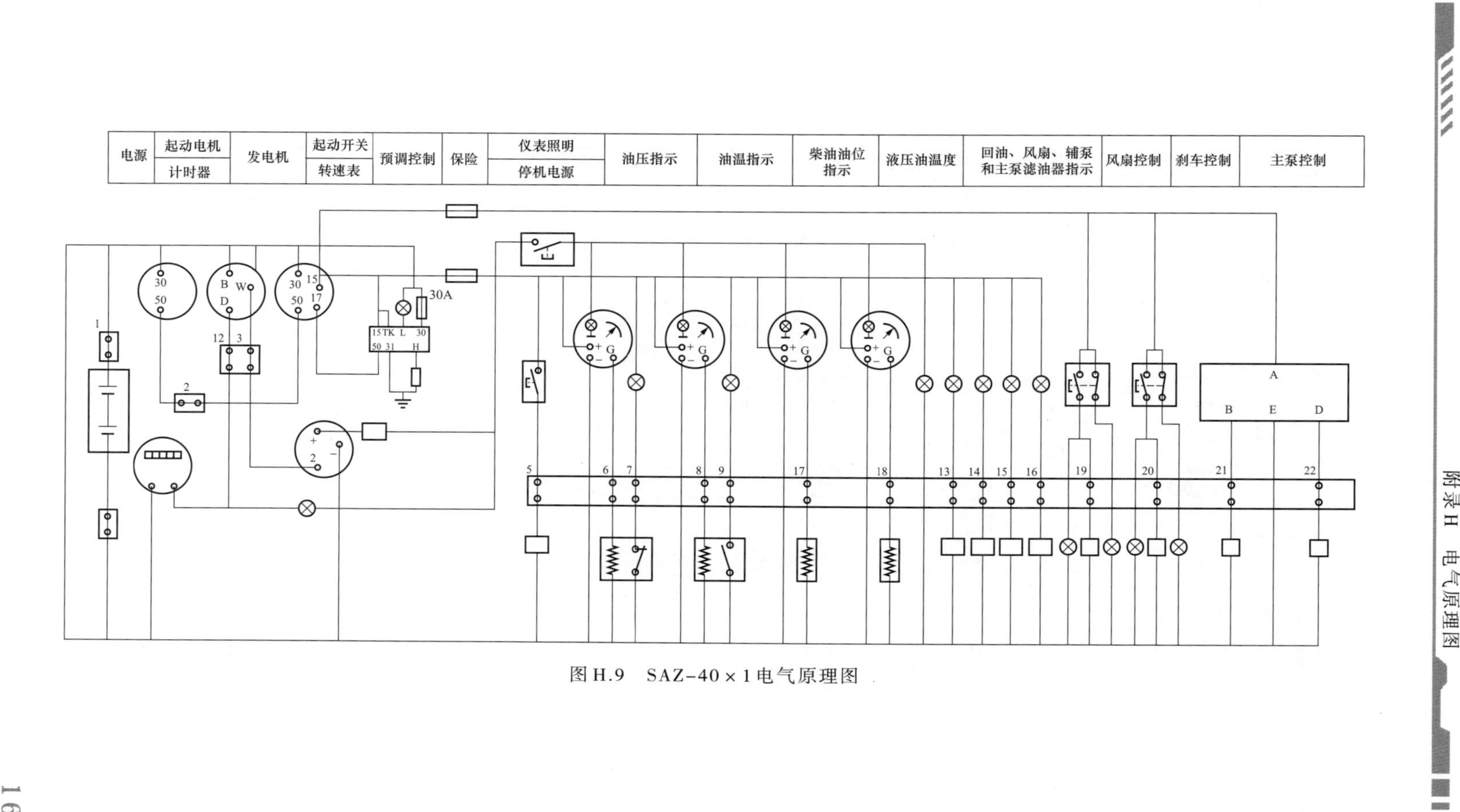

图H.9 SAZ-40×1电气原理图

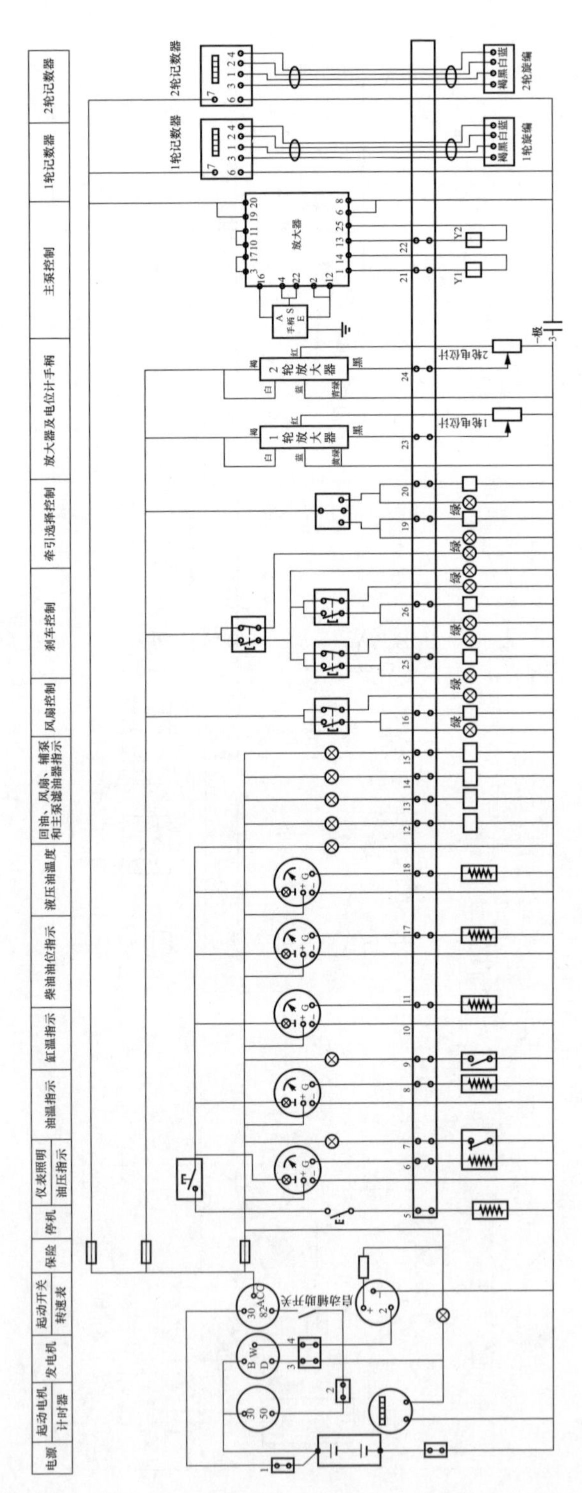

图H.10　SAZ-40×2电气原理图

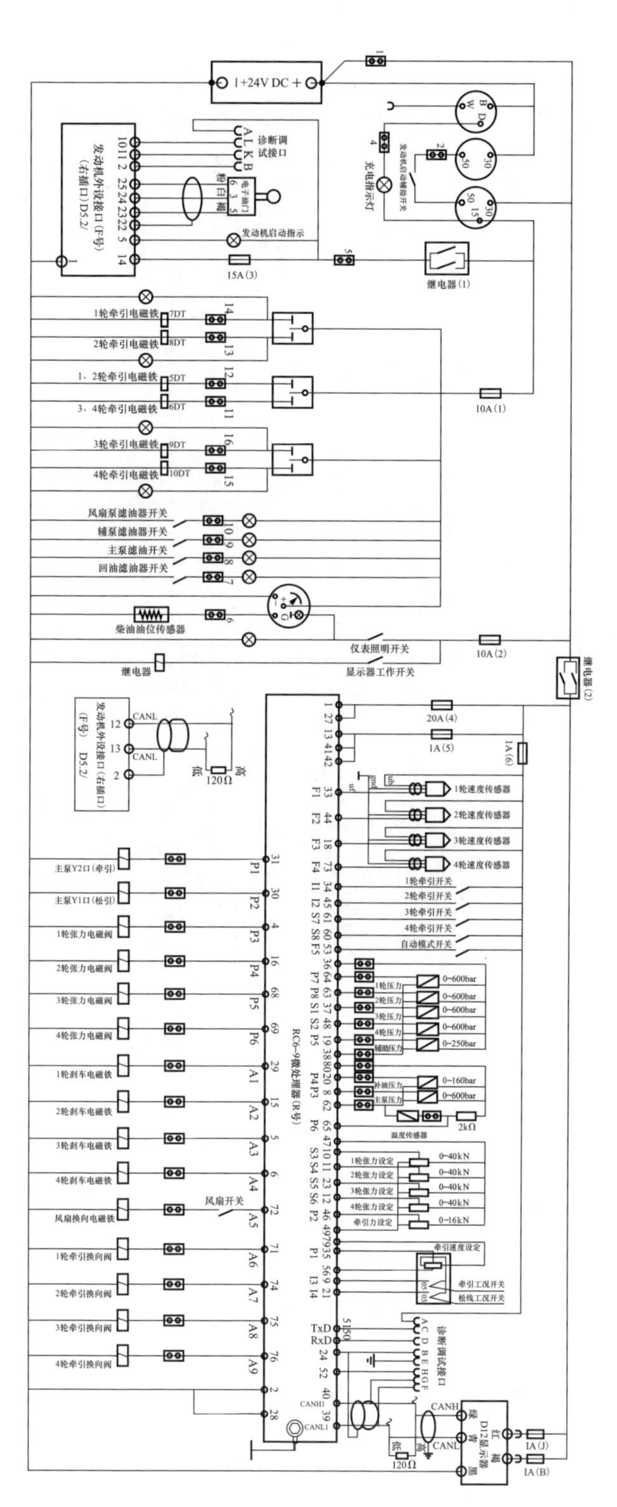

图H.11 SAZ-40×4电气原理图

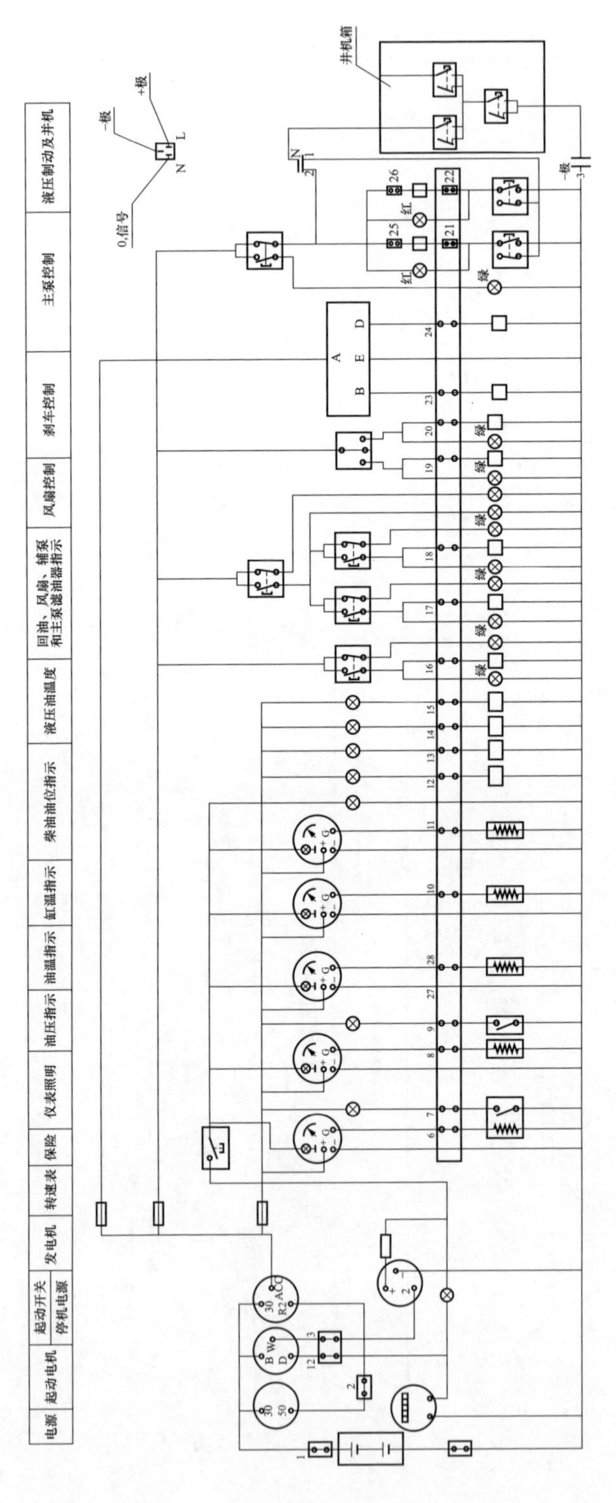

图H.12 SAZ-50×2电气原理图

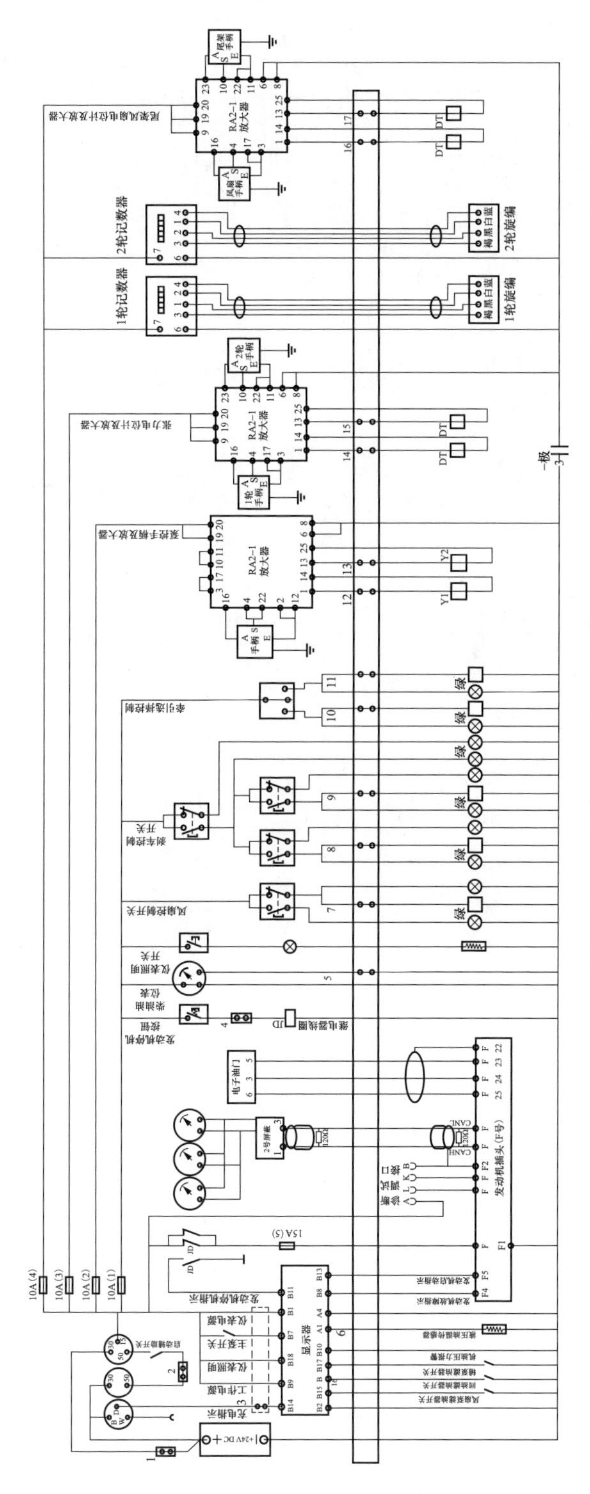

图H.13　SAZ-50×2电气原理图（放大器）

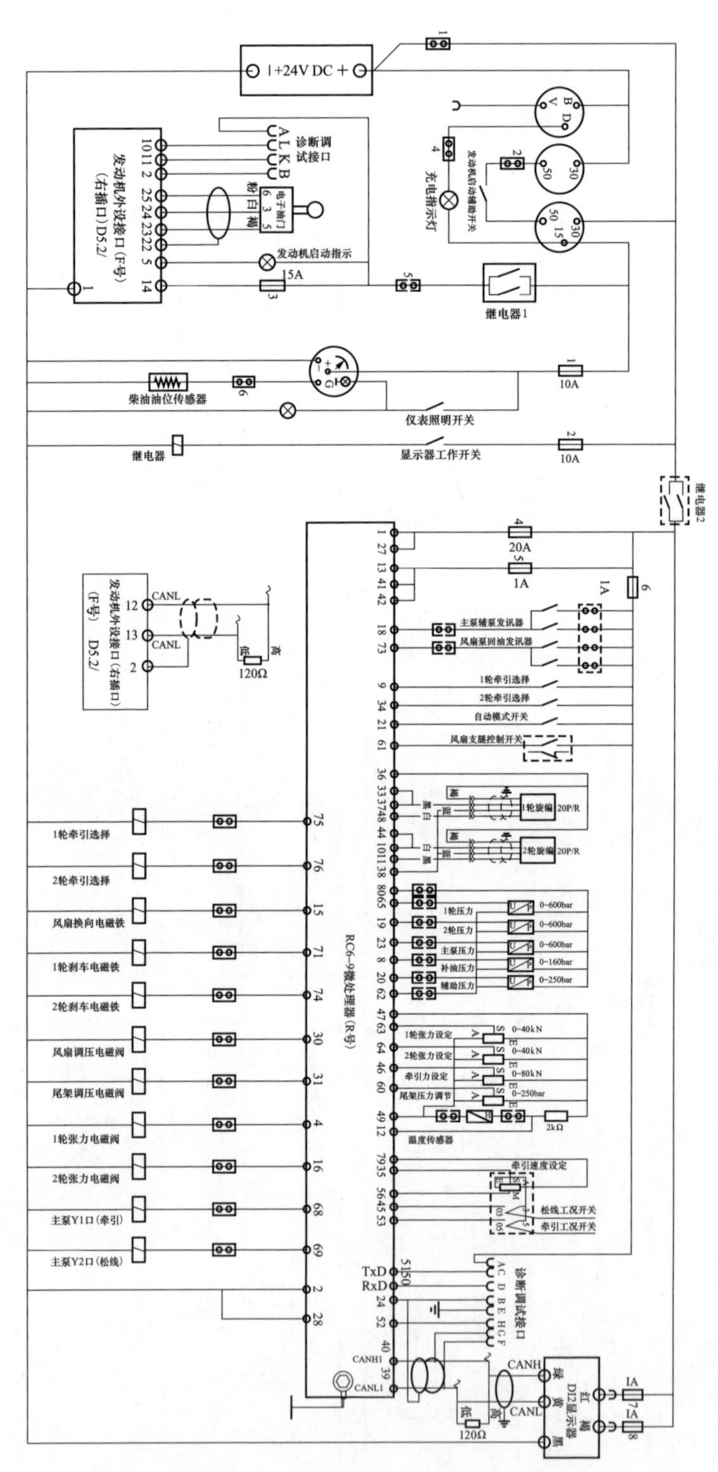

图 H.14 SAZ-50×2电气原理图（电脑板）

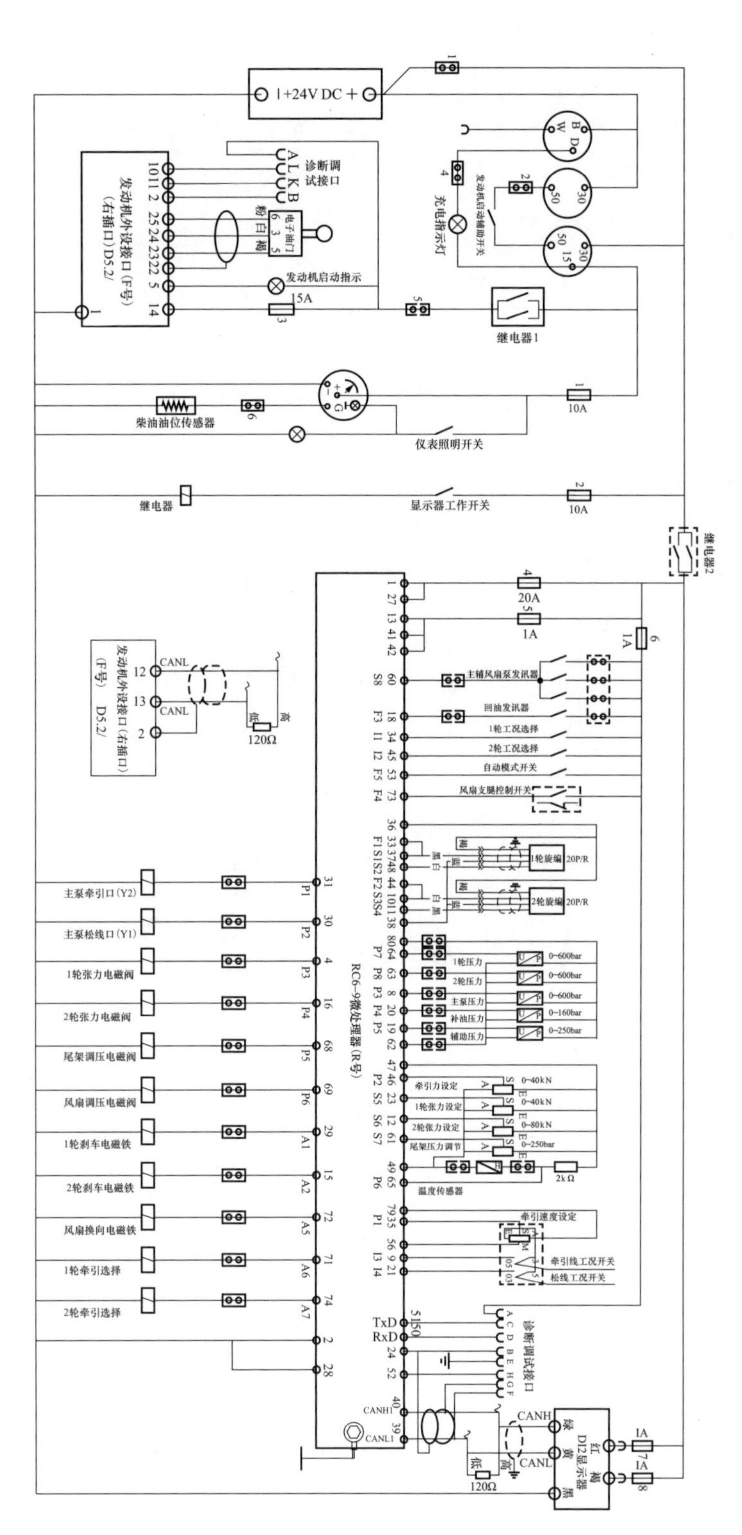

图H.15 SAZ-65×2电气原理图（电脑板）

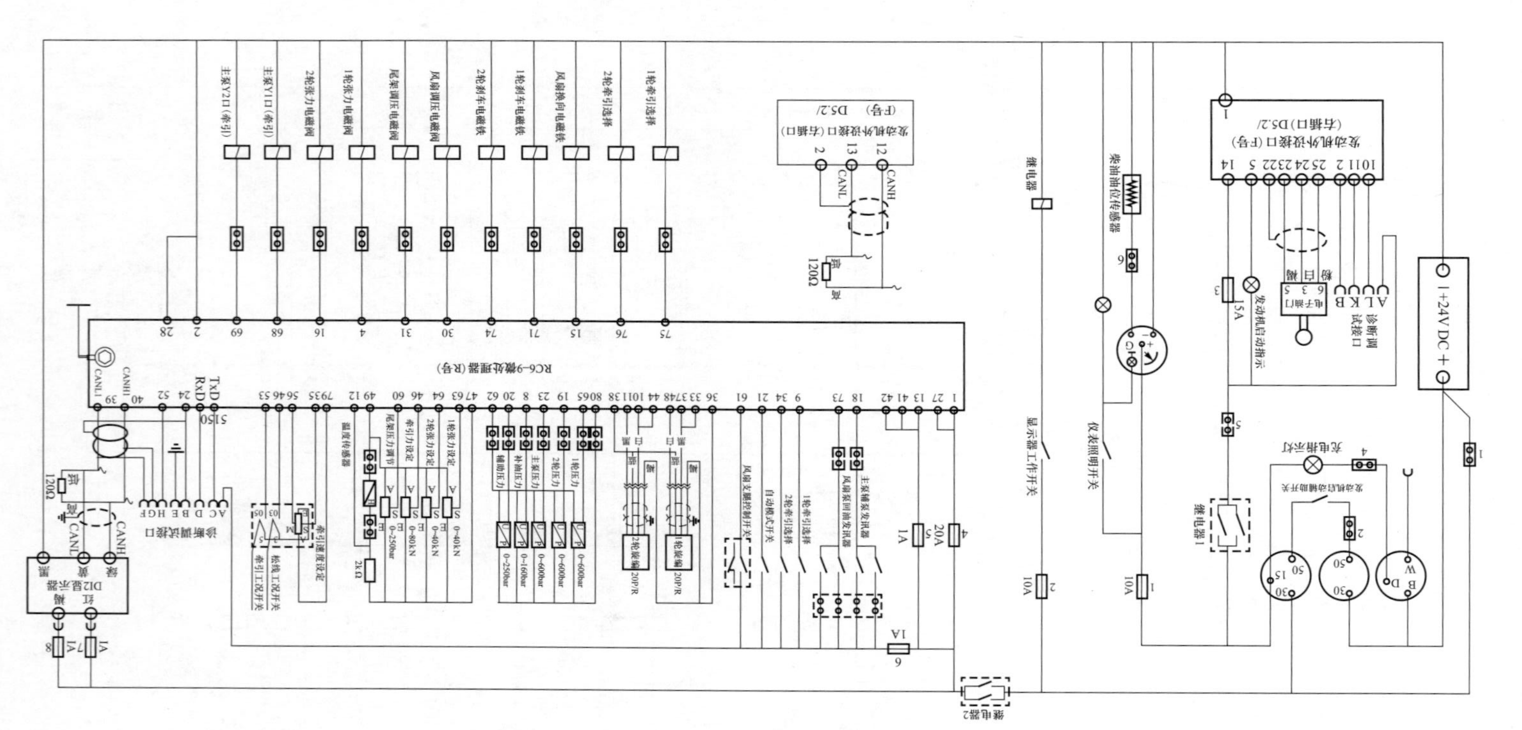

图H.16 SAZ-70×2~90×2电气原理图(电脑板)

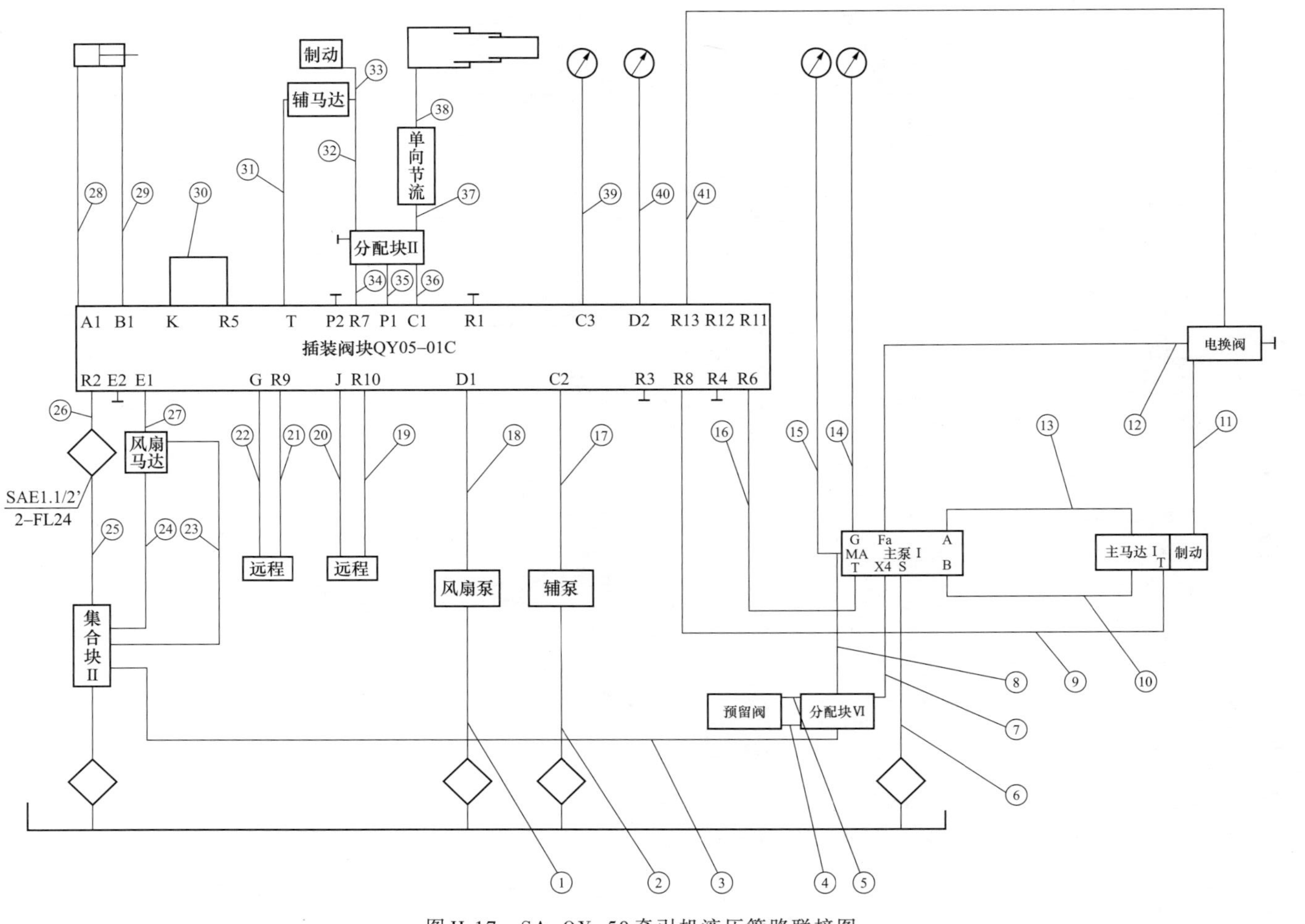

图H.17　SA-QY-50牵引机液压管路联接图

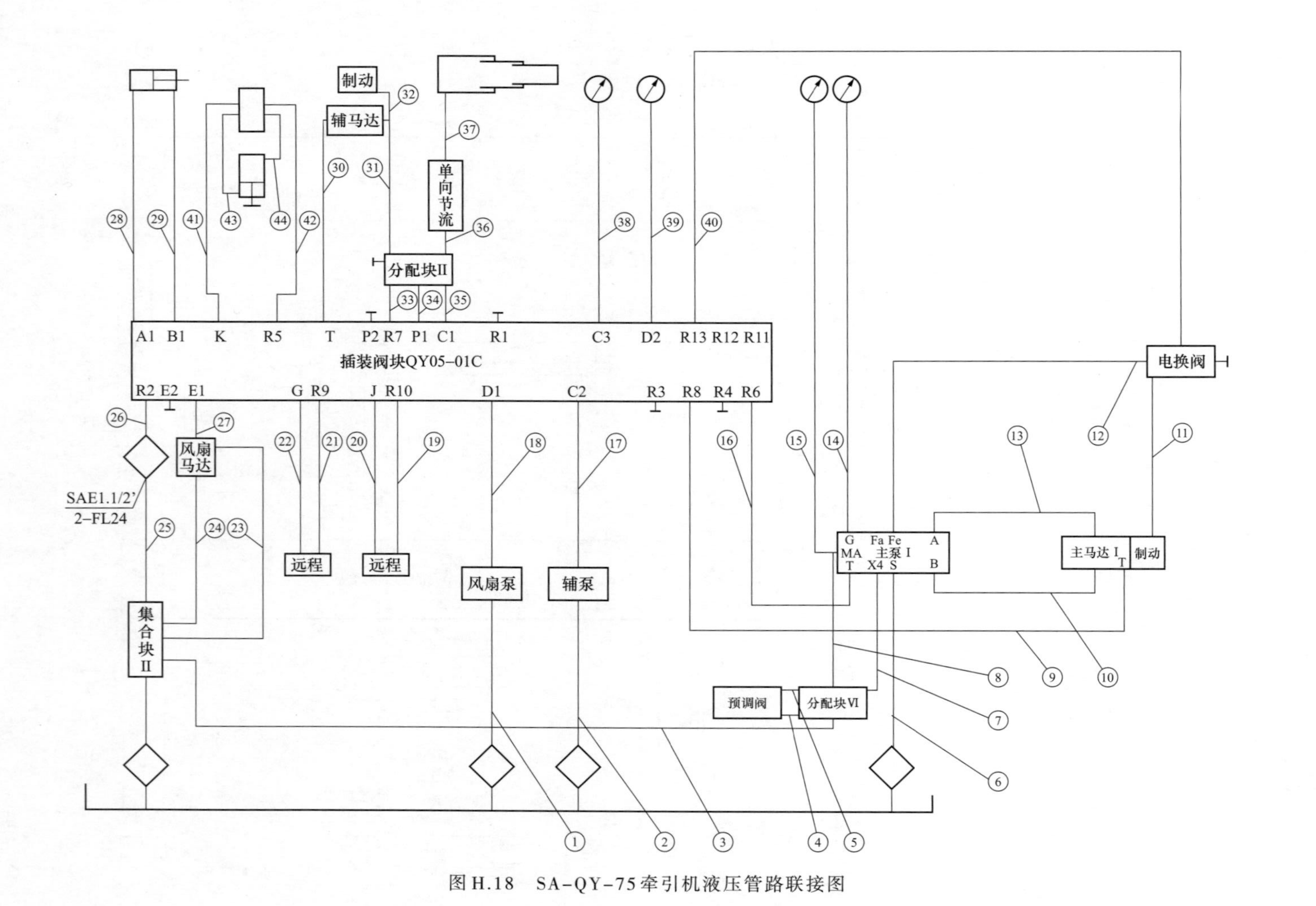

图 H.18 SA-QY-75牵引机液压管路联接图

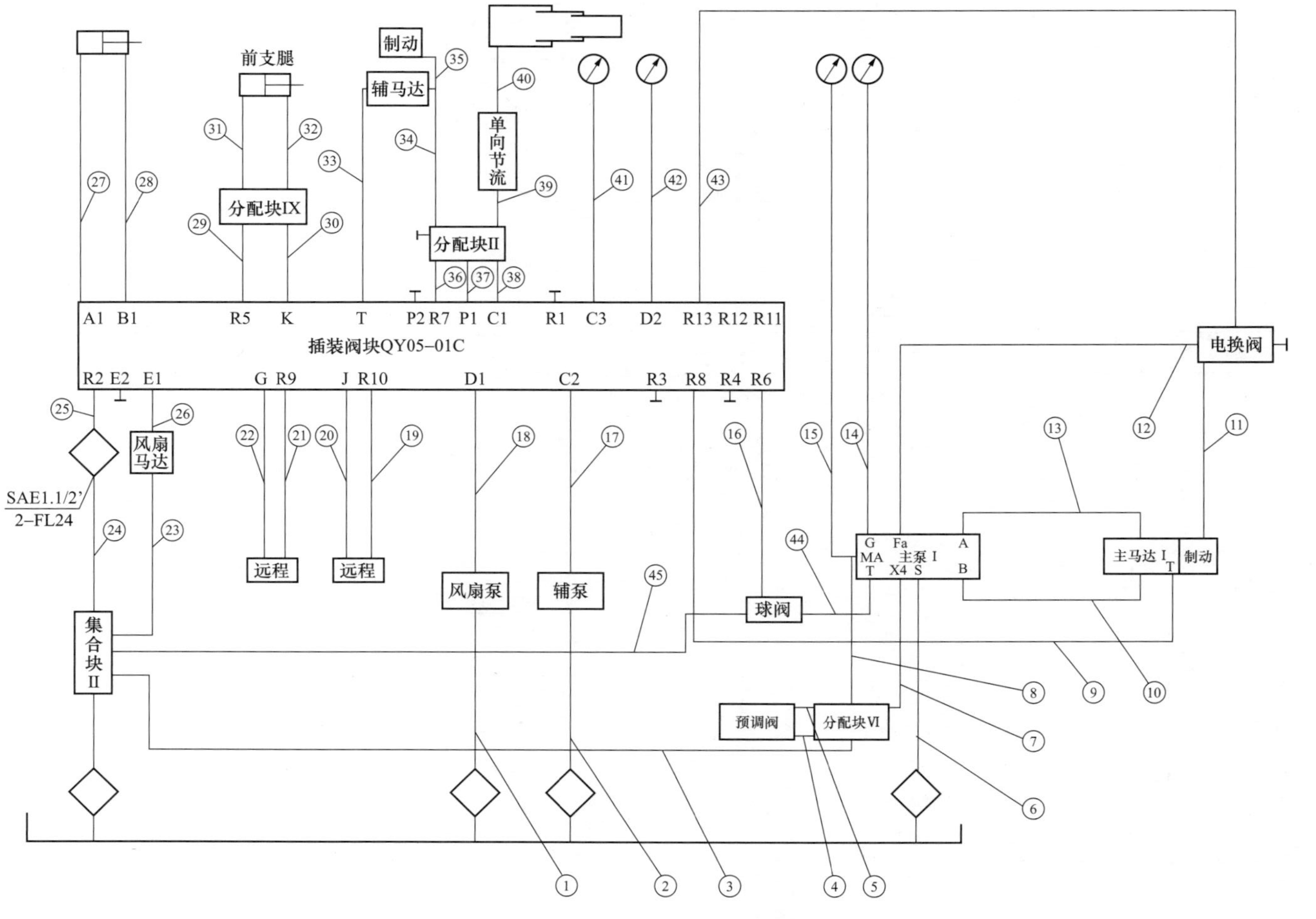

图H.19　SA-QY-150牵引机液压管路联接图

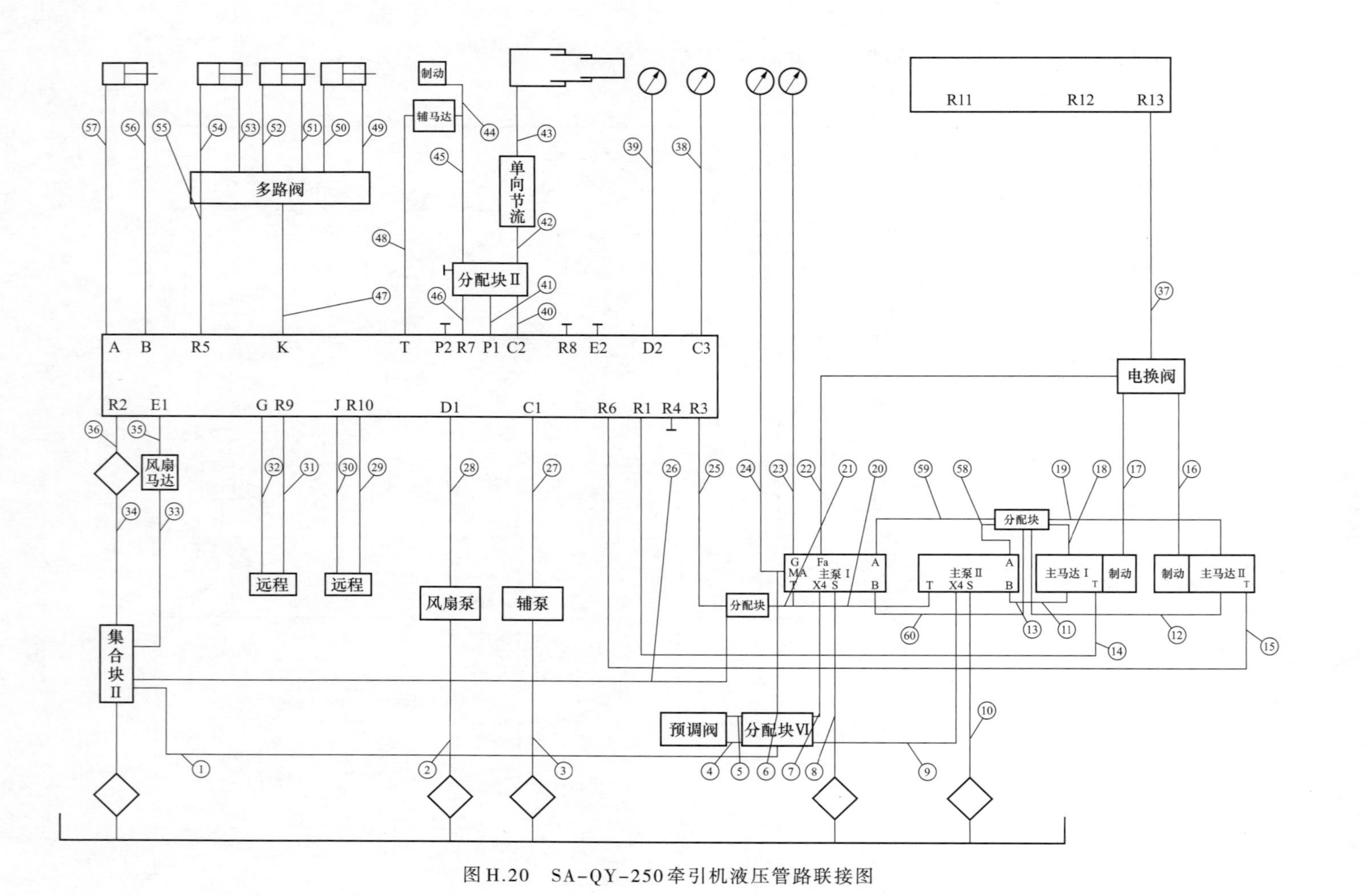

图 H.20　SA-QY-250牵引机液压管路联接图

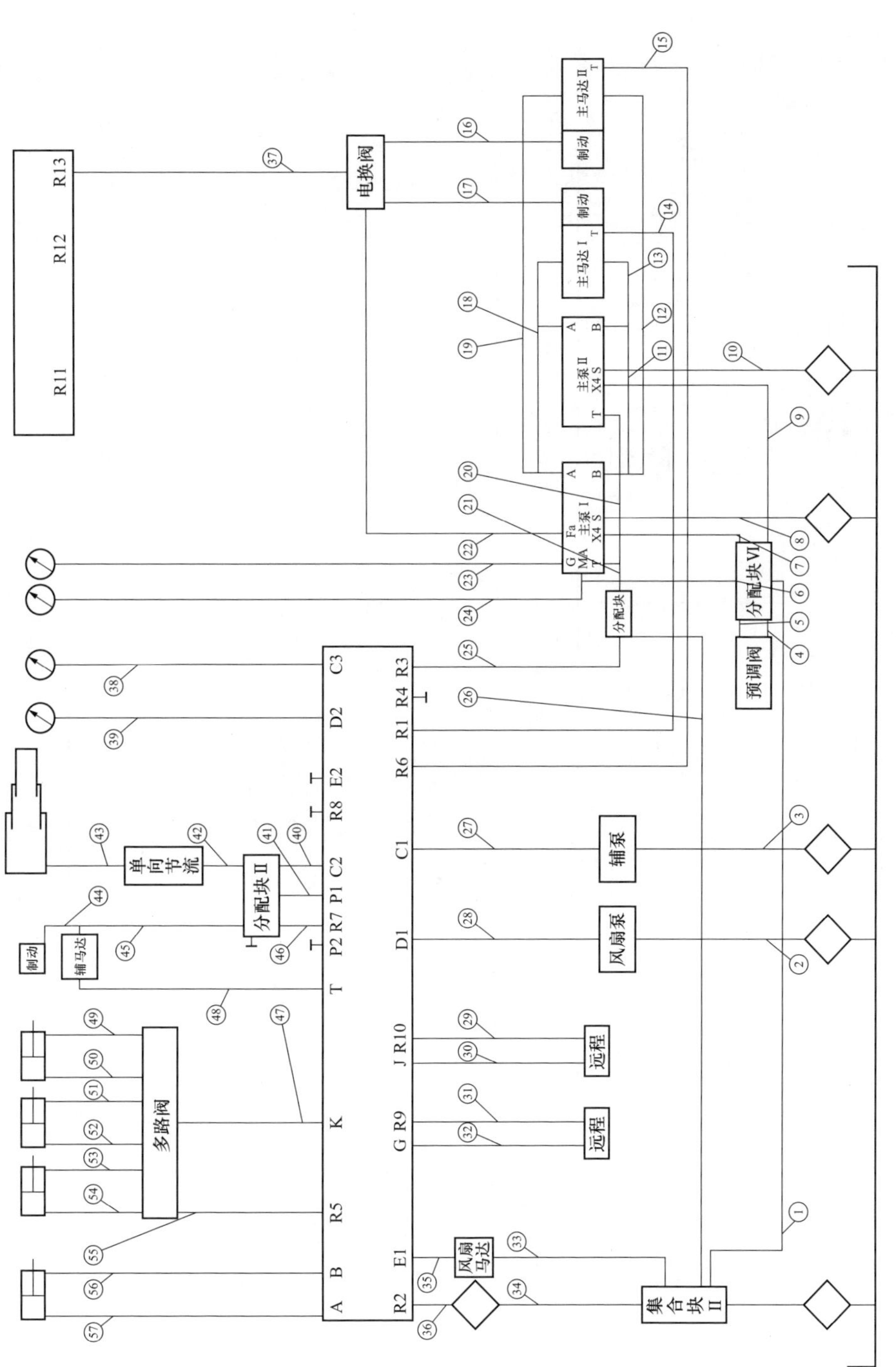

图 H.21 SA-QY-280牵引机液压管路联接图

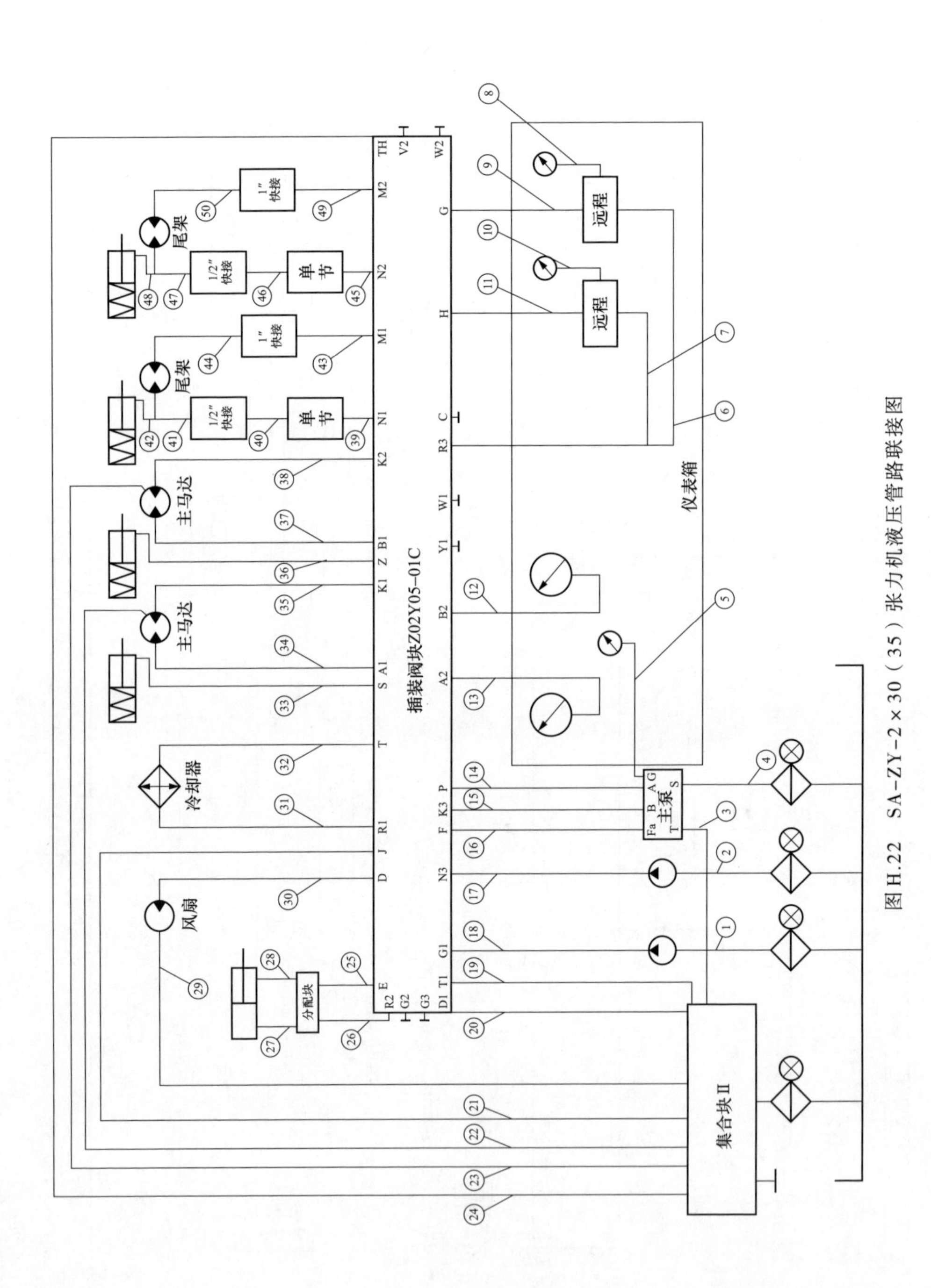

图H.22 SA-ZY-2×30（35）张力机液压管路联接图

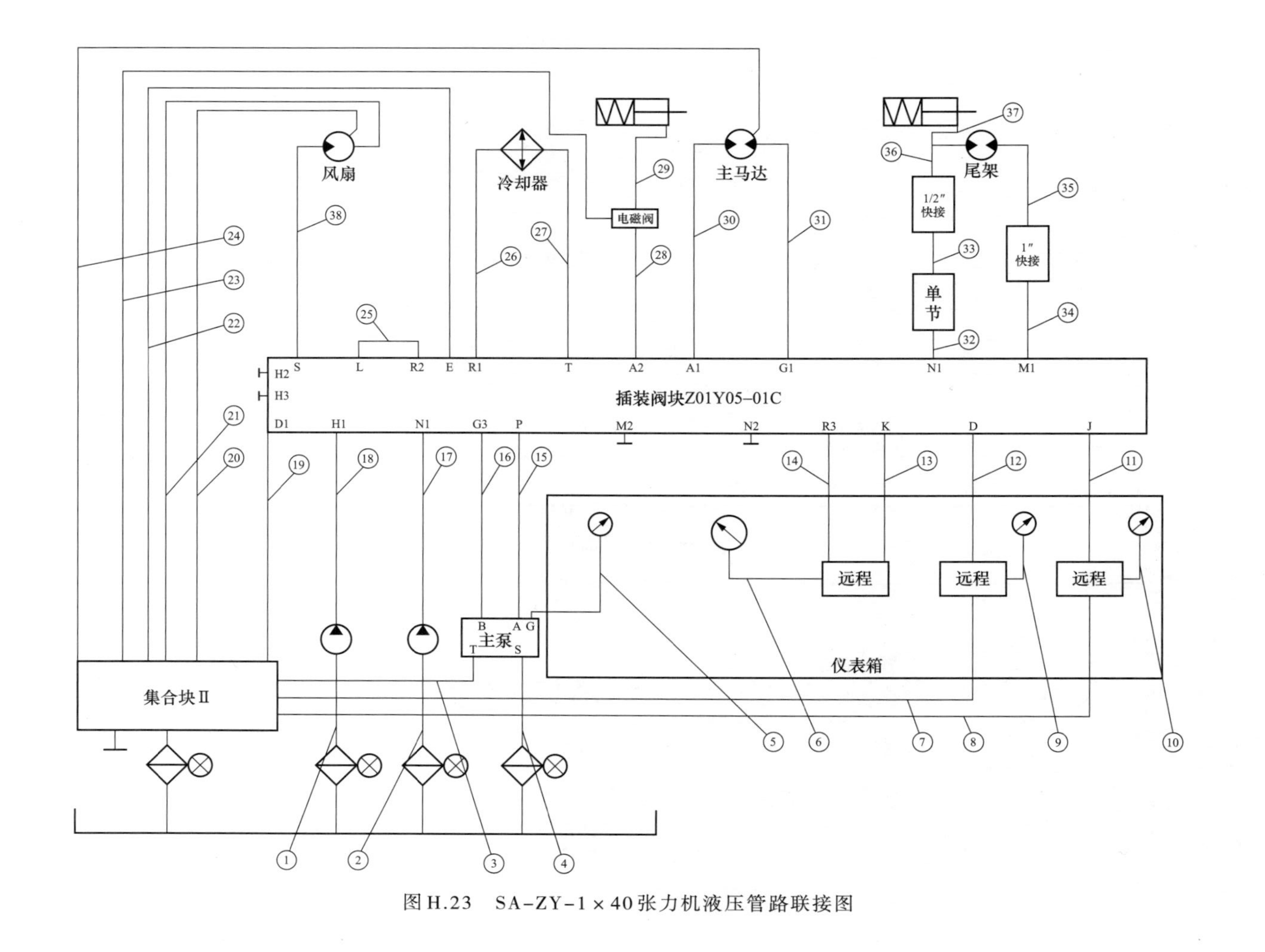

图H.23　SA-ZY-1×40张力机液压管路联接图

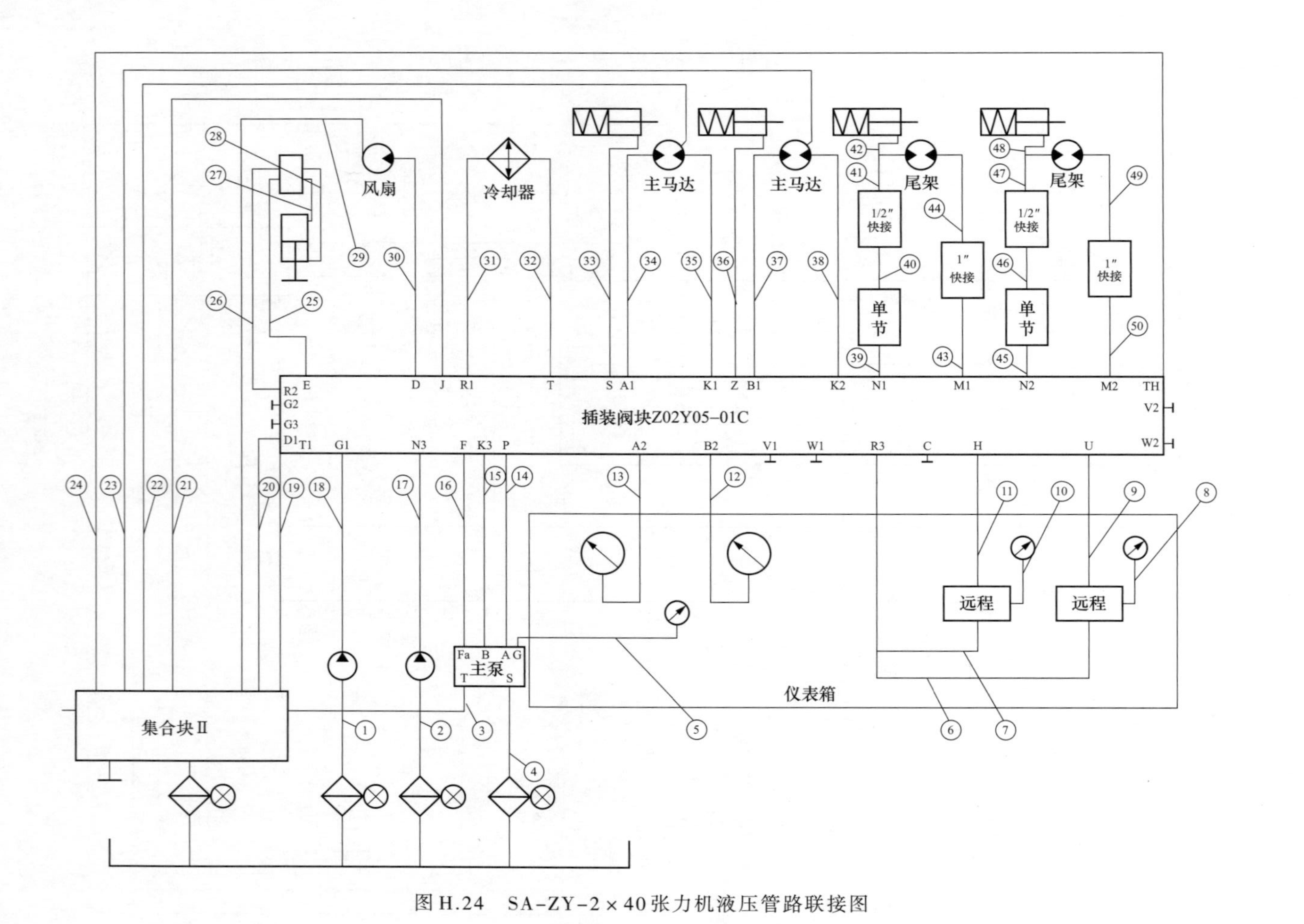

图 H.24　SA-ZY-2×40张力机液压管路联接图

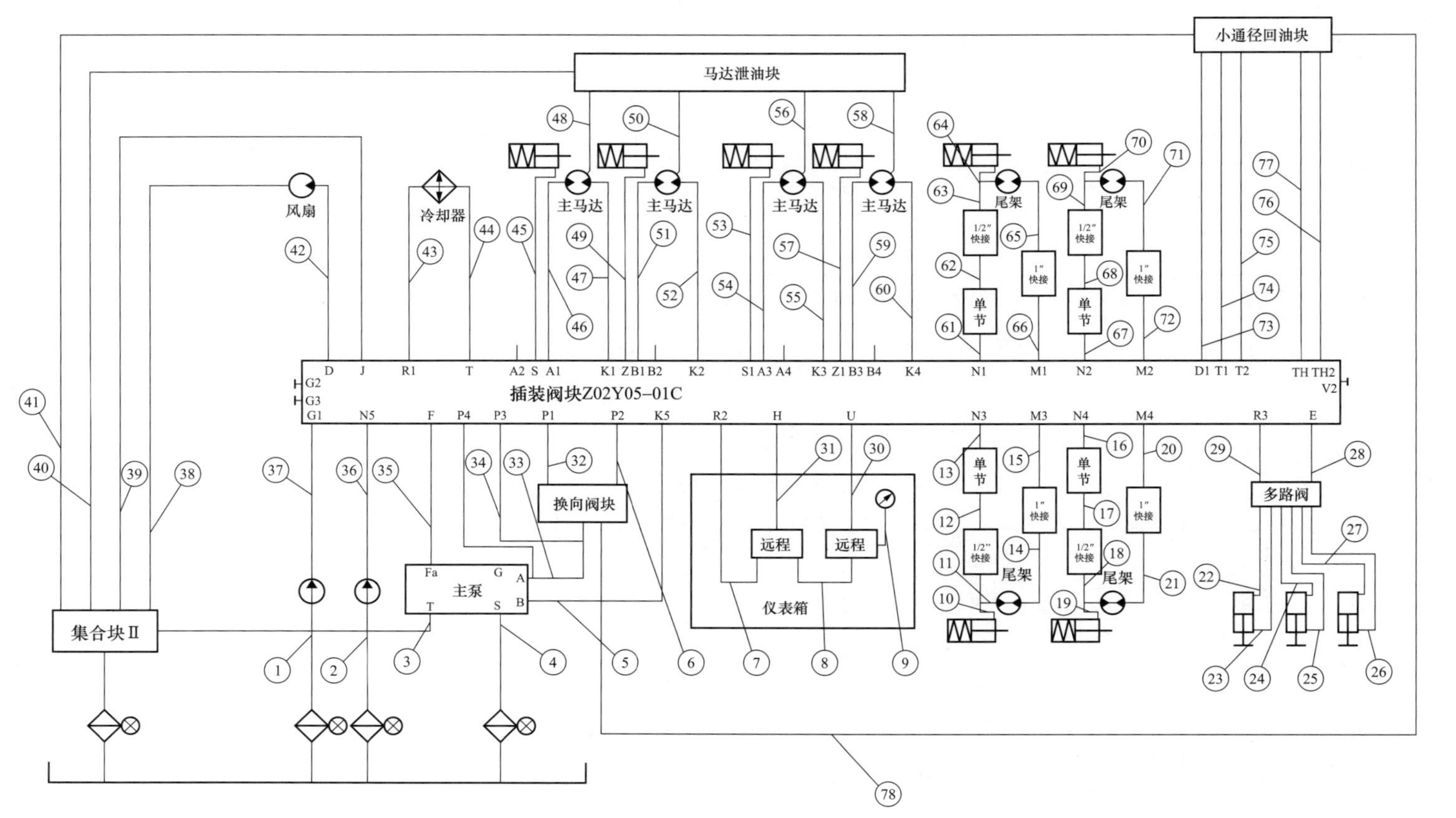

图H.25　SA-ZY-4×40张力机液压管路联接图

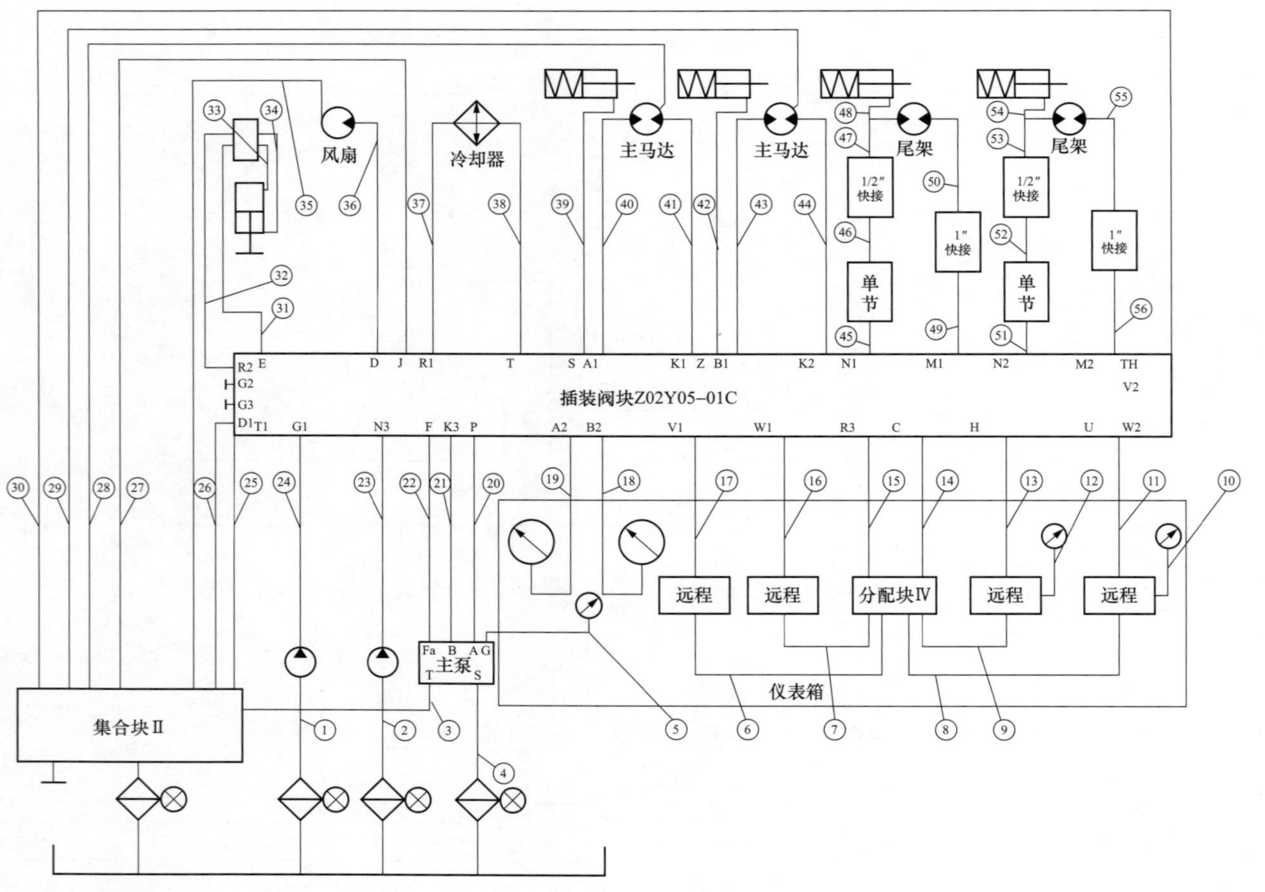

图 H.26　SA-ZY-2×50张力机液压管路联接图

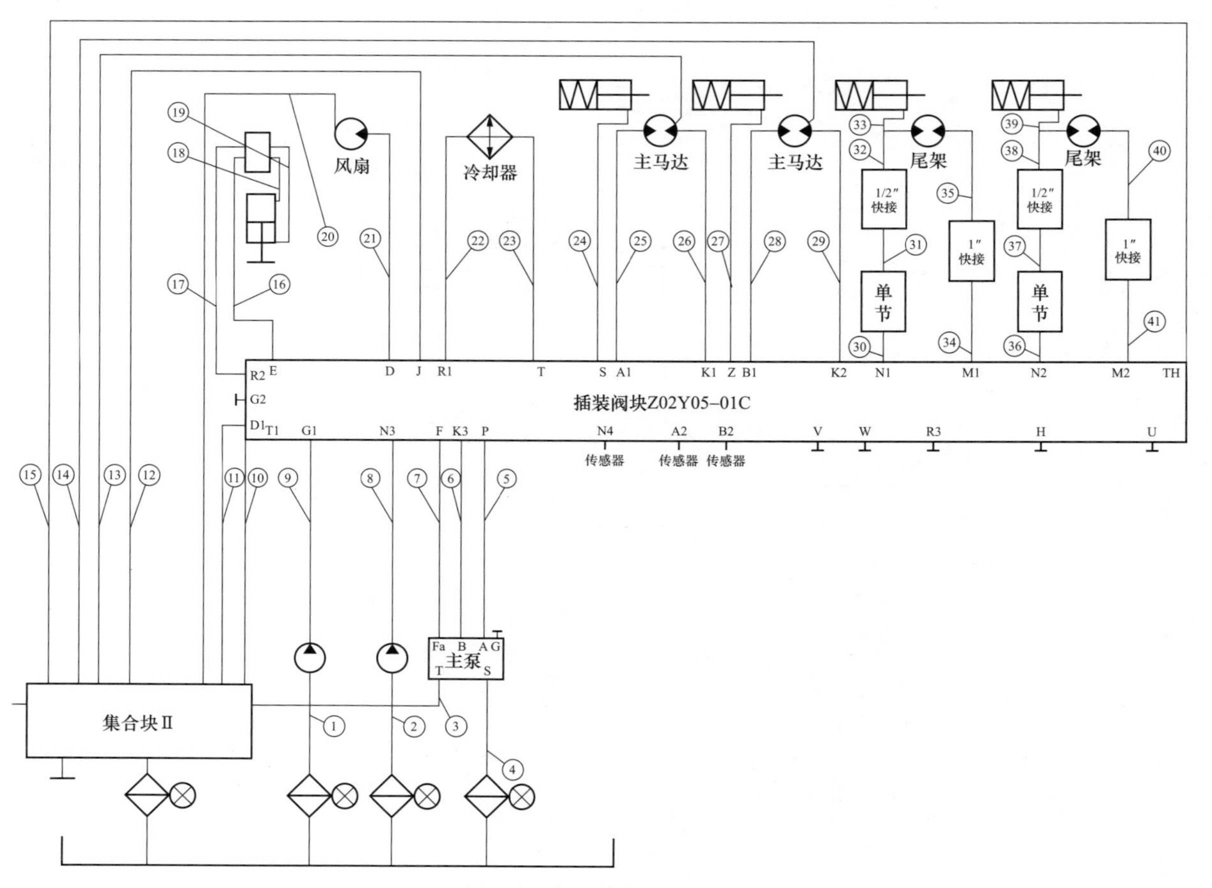

图H.27　SA-ZY-2×50智能化张力机液压管路联接图

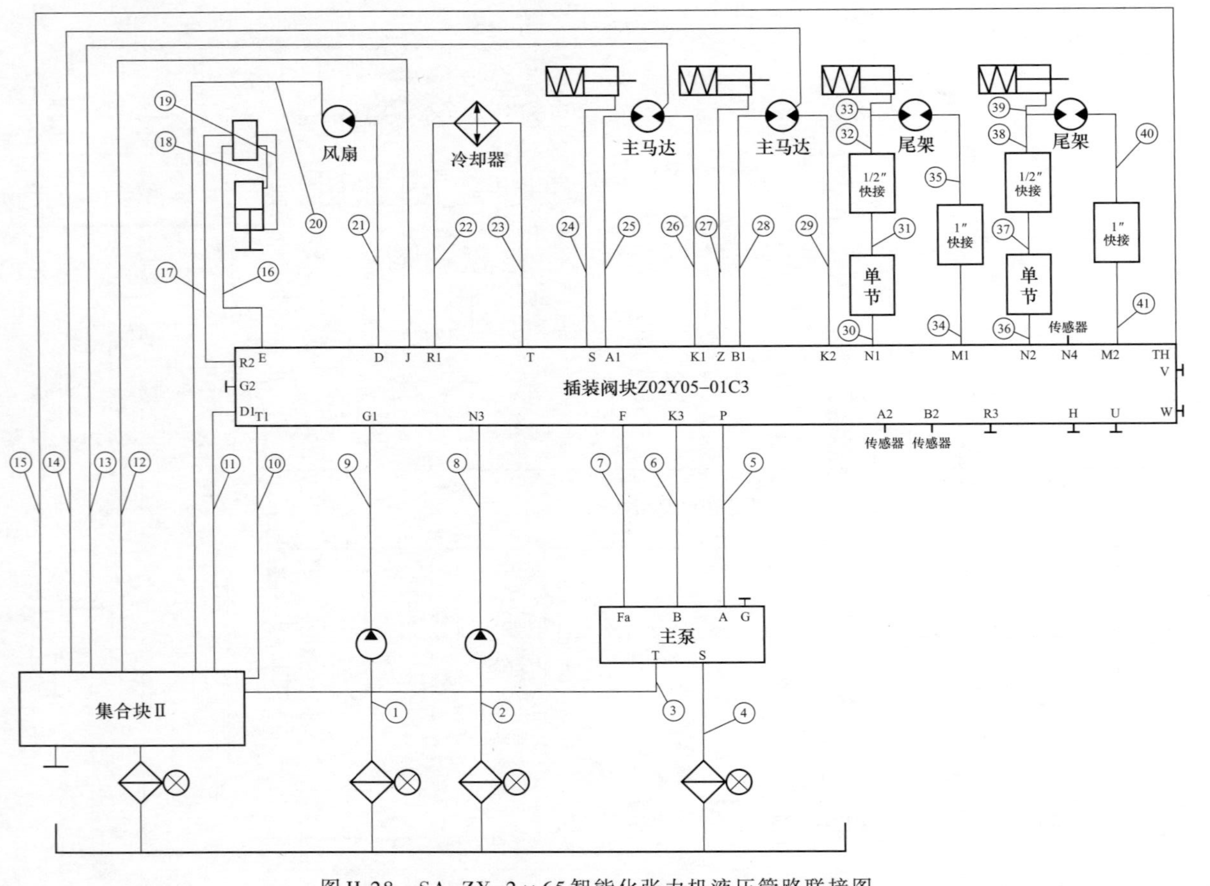

图H.28 SA-ZY-2×65智能化张力机液压管路联接图

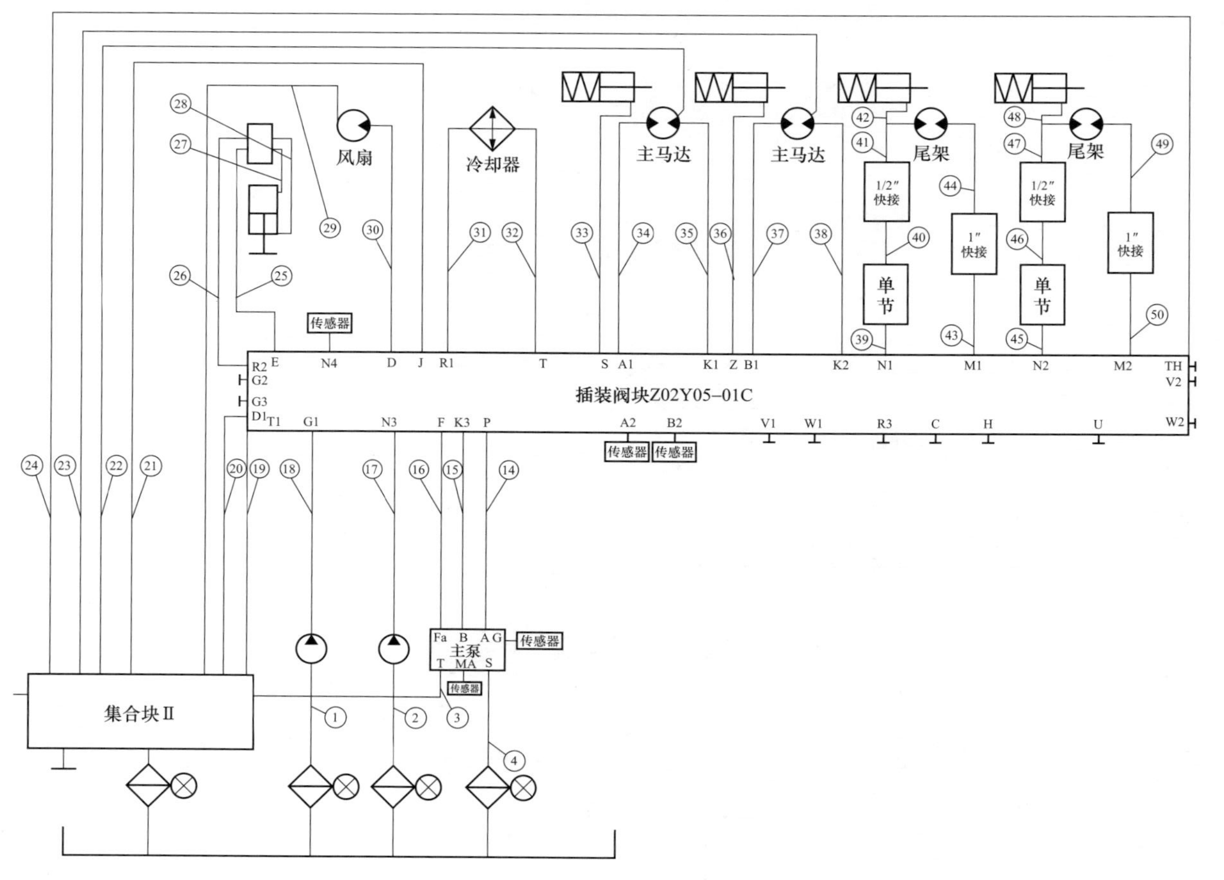

图H.29 SA-ZY-2×70智能化张力机液压管路联接图

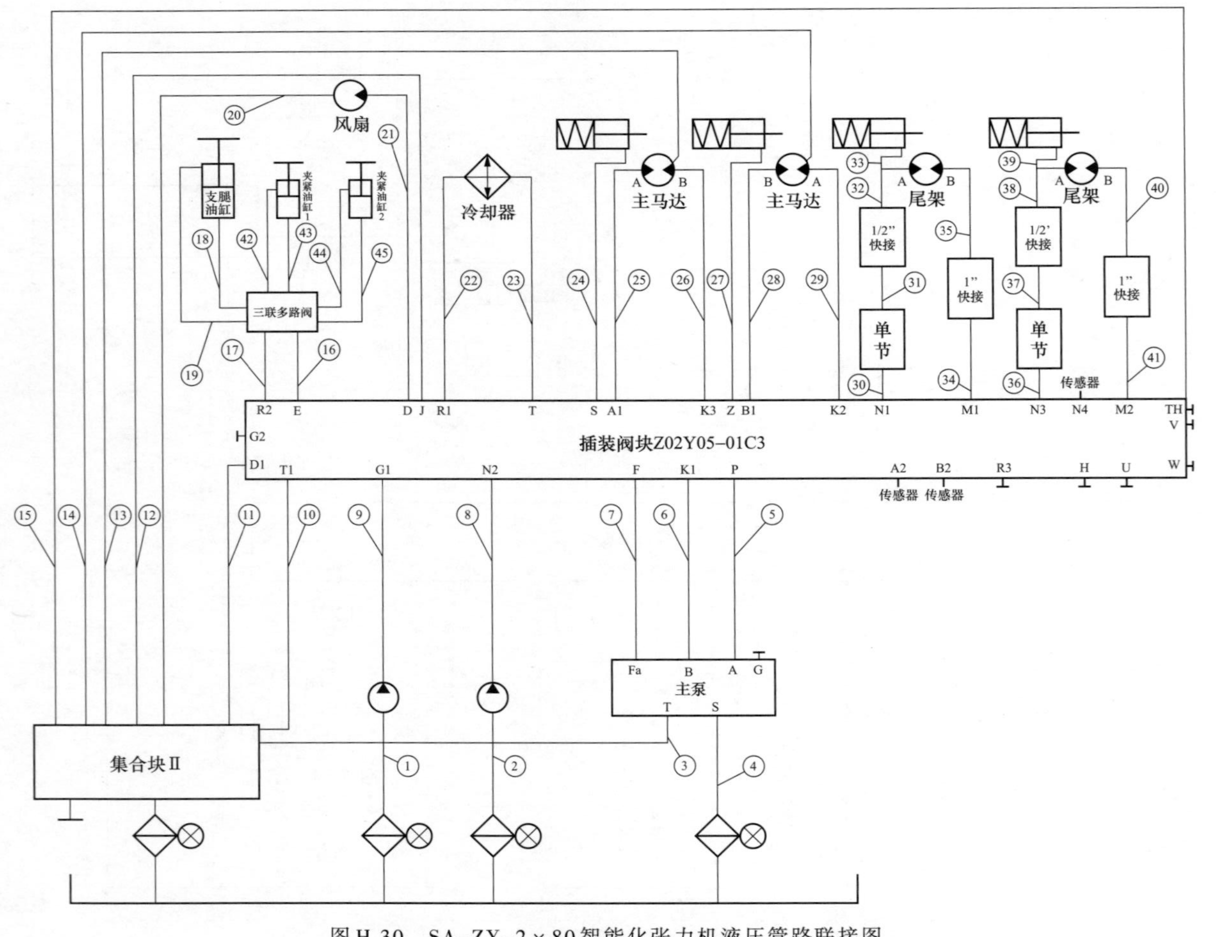

图H.30 SA-ZY-2×80智能化张力机液压管路联接图

附录I 常用单位换算

单位换算

单位换算
$F=1.8\times C+32$或（$C=\{F-32\}/1.8$）
1兆帕（MPa）=1000千帕（kPa）
1兆帕（MPa）=10000百帕（hPa）
1兆帕（MPa）=10巴（bar）≈10kg/cm^2
1兆帕（MPa）=145帕斯卡（psi）
1千瓦（kW）=1000瓦（W）
1千瓦（kW）=1000焦耳/秒（J/s）
1千瓦（kW）=1000牛顿·米/秒（N·m/s）
1千瓦（kW）≈1.36马力（ps）
1kg（公斤）=9.8N（牛顿）
1升（L）=1立方分米=1000立方厘米
1立方厘米=1毫升
1kV=1000V　1V=1000mV
1kΩ=1000Ω
1A（安）=1000mA（毫安）=1000000μA（微安）
P（功率：W）=U（电压：V）I（电流：A）
U（电压：V）=I（电流：A）R（电阻：Ω）

附录J 张力放线常用施工工器具参数

表J.1 常用防扭钢丝绳参数

名称	型号	公称方径 mm	股径 mm	横截面积 mm^2	单位质量 kg /m	最小破断拉力 kN	股数	丝数	选用牵引机槽底直径mm
口16防扭钢丝绳	YL15-18X19W180	15	3	105.53	0.88	180	18	19W	＞375
口22防扭钢丝绳	YL22-18X19W320	22	4.2	210.63	1.75	320	18	19W	＞550
口28防扭钢丝绳	YL28-18X29Fi540	28	5.2	324.23	2.70	540	18	29Fi	＞700
口30防扭钢丝绳	YL30-18X29Fi580	30	5.5	349.19	2.90	580	18	29Fi	＞750

换算公式：（钢丝绳公称方径）D×25=d（选用牵引机最小槽底直径）

防扭钢丝绳表示方法：

Y□□-□×□□□

123 456

第1位：Y表示防扭钢丝绳

第2位：方径，四方S，六方L。

第3位：表示公称方径，标准系列，如11mm、13mm、18mm、32mm等。

第4位：表示股数，如8股、12股、18股等。

第5位：表示股内钢丝数及股内结构型式，如19W（瓦林吞式）、19S（西鲁式）、25Fi（填充式）、29Fi（填充式）、31SW（西瓦式）。

第6位：表示钢丝绳最小破断力（取整数），单位为kN。

示例1：YL15-18X19W180. 含义为：防扭钢丝绳，六方，公称方径15，18股，股内19丝、结构瓦林吞式，钢丝绳最小破断力180kN。

示例2：YL28-18X29Fi540含义为：防扭钢丝绳，六方，公称方径28，18股，股内29丝、结构填充式，钢丝绳最小破断力540kN. 公称方径：防扭钢丝绳两对称平面间距离的名义尺寸，单位为mm。

节距：股绳围绕在轴心旋转一周（360°）相应两点间的距离，单位为mm。

方径：防扭钢丝绳两对称平面间距离的尺寸。

股径：用以编织防扭钢丝绳的圆形股绳钢丝绳的直径，单位为mm。

单位质量：防扭钢丝绳在未涂油状态下的净质量除以钢丝绳实测长度，单位为kg/m。

横截面积：钢丝绳中钢丝公称横截面积综合，包括填充钢丝，单位为mm^2。

最小破断拉力：防扭钢丝绳破断时应达到的最小力值，单位为kN。

表J.2 根据导地线光缆选择张力机及滑车

线路类型	型号	直径 d_1（mm）	选用张力机槽底直径 D_1（mm）	选用滑片槽底直径 D_2（mm）
计算公式		d_1	$D_1>40\times d_1-100$	$D_2>20\times d_1$
导线	300/25	24	>860	>480
	400/35	26.8	>972	>536
	400/50	27.6	>1004	>552
	630/45	33.8	>1252	>676
	1000/80	42.9	>1616	>858
	1250/70	47.4	>1796	>948
计算公式		d_2	$D_1>40\times d_2$	$D_2>20\times d_2$
地线	80	12	>480	>240
	100	13	>520	>260
	150	17.5	>700	>350
计算公式		d_3	$D_1>70\times d_3$	$D_2>40\times d_3$
光缆		15	>1050	>600
		16	>1120	>640

注：d_1为导线直径，d_2为地线直径，d_3为光缆直径；D_1为张力机槽底直径，D_2为滑片槽底直径。光缆滑车的选择以光缆的直径为准，且滑车槽底直径不得小于500mm。

表J.3 常规型接续管保护装置

序号	型号	主要尺寸 mm						适用导线	橡胶头内径 mm	额定载荷 kN
		D_1	L_1	D_2	L_2	C_1	C_2			
1	SJ-ϕ40×490/15	54	940	44	≥600	15	15	JL/G1A-300/25 JL/G1A-300/40	25	15
2	SJ-ϕ45×570/18	60	995	48	≥660	18	16	JL/G1A-400/35 JL/G1A-400/50	28	18
3	SJ-ϕ60×920/18	76	1450	66	≥1030	20	19	JLHA2/G3A-500/45	31	18
								JL/LHA1-465/210	34	
								JL/G1A-500/45JL/ G1A-500/65	31	
4	SJ-ϕ60×700/22	76	1210	66	≥790	20	19	JL/G1A-630/45 JL/G1A-630/55	34	22
								JL/G2A-720/50	37	
5	SJ-ϕ65×780/28	83	1328	69	≥880	20	19	JL/G2A-800/55 JL/G2A-800/70	39	28

注：C_1、C_2、绑扎槽宽度；D_2钢管外径，D_2钢管内径，D_3接续管外径；L_1总长度，L_2保护长度，L_3接续管压后长度。接续管保护装置型号表示方法：

□□-□-□/□-□

1　2　3　4

1代表类别代号+组别代号：SJ表示接续管保护装置；2代表特征代号：缺省标志常规接续管保护装置；S表示蛇节型接续管保护装置；3代表主参数：接续管外径（mm）×接续管长度（mm）/额定载荷（kN）；4代表更新代号：用A、B、C、……表示第一、二、三、……次更新。护管：分为蛇结和常规2种。

示例1：SJ-ϕ45×600/18表示常规型接续管保护装置，接续管最大直径为45mm，接续管最大长度为600mm，额定载荷为18kN。示例2：SJ-S-ϕ80×1370/37表示蛇节型接续管保护装置，接续管最大直径为80mm，接续管最大长度为1370mm，额定载荷为37kN，产品设计后首次变更。

表J.4 蛇节型接续保护装置

蛇节型接续保护装置										
序号	型号	主要尺寸（mm）						适用导线	橡胶头内径（mm）	额定载荷（kN）
		D_1	L_1	D_2	L_2	C_1	C_2			
1	SJ-S-ϕ80×1120/43	102	2285	86	≥1260	13.5	13.5	JLHA1/G2A-900/75		
								JLHA4/G2A-900/75		
								JL/G3A-900/40	41	
								JL/G2A-900/75		
								JLHA4/G2A-1000/80		
								JL1/G2A-1000/80	43	43
								JL/G3A-1000/45		
								JL1/G3A-1250/70 JL1/G2A-1250/100	48	
								JL1/LHA1-800/550	48	
								JL1X1/G3A-1250/70 JL1X1/G2A-1250/100	45	
2	SJ-S-ϕ80×1050/43	114	2280	86	≥1190	13.5	13.5	JL1/G3A-1250/70JL1/G2A-1250/100	48	43

注：C_1、C_2绑扎槽宽度；D_1钢管外径，D_2钢管内径，D_3接续管外径；L_1总长度，L_2保护长度，L_3接续管压后长度。接续管保护装置型号表示方法：

□□-□-□/□-□

1　2　3　4

1代表类别代号+组别代号：SJ表示接续管保护装置；2代表特征代号：缺省标志常规接续管保护装置；S表示蛇节型接续管保护装置；3代表主参数：接续管外径（mm）×接续管长度（mm）/额定载荷（kN）；4代表更新代号：用A、B、C、……表示第一、二、三、……次更新。

护管：分为蛇结和常规2种。

示例1：SJ-ϕ45×600/18表示常规型接续管保护装置，接续管最大直径为45mm，接续管最大长度为600mm，额定载荷为18kN。示例2：SJ-S-ϕ80×1370/37表示蛇节型接续管保护装置，接续管最大直径为80mm，接续管最大长度为1370mm，额定载荷为37kN，产品设计后首次变更。

表J.5 防扭钢丝绳卡线器（平行移动式）基本参数

型号	额定载荷（kN）	适用钢丝绳方径（mm）	夹嘴开口（mm）	夹嘴长度（mm）	质量（kg）
SK-F-50	50	13、15	≥10	≥225	7
SK-F-100	100	18、20	≥18	≥240	11
SK-F-120	120	22、24	≥18	≥240	13
SK-F-160	160	26、28	≥24	≥290	23
SK-F-210	210	30、32	≥28	≥300	25

注1：表中数据仅作为参考值和推荐值。
注2：卡线器所有尺寸允许偏差应为0%~1%。

表J.6 圆股钢丝绳卡线器（平行移动式）基本参数

型号	额定载荷（kN）	适用钢丝绳直径（mm）	夹嘴开口（mm）	夹嘴长度（mm）	质量（kg）
SK-Y-50	50	11-15	≥10	≥225	7
SK-Y-70	70	16-18	≥12	≥225	7
SK-Y-135	135	22	≥18	≥240	12

注1：表中数据仅作为参考值和推荐值。
注2：卡线器所有尺寸允许偏差应为0%~1%。

参考文献

[1] 万建成，等．架空导线应用技术［M］．北京：中国电力出版社，2015.
[2] 万建成，等．新型放线施工机具及架线工艺研究［M］．北京：中国电力出版社，2022.
[3] 芩阿毛．输配电线路施工技术大全［M］．昆明：云南科技出版社，2004.